Industrial Design

Reading this is enough

陈根

编著

U0300858

工业设计

看这本就够了 全彩升级版

化学工业出版社

·北京·

本书紧扣当今工业设计学的热点、难点和重点，内容涵盖了广义工业设计所包括的设计概念、设计团队、设计时间表、设计调研、设计表达、设计思维、设计管理、设计评审、设计营销及设计思潮共10个方面，全面介绍了工业设计及相关学科所需掌握的专业技能，知识体系相辅相成，非常完整。同时在本书的各个章节中精选了很多与理论紧密相关的图片和案例，增加了内容的生动性、可读性和趣味性，让人轻松自然、易于理解和接受。

本书可作为从事工业设计相关专业人员的学习参考书，还可作为高校学习工业设计、产品营销、设计管理等方面的教材和参考书。

图书在版编目（CIP）数据

工业设计看这本就够了：全彩升级版 / 陈根编著.
—— 北京：化学工业出版社，2019.9（2024.4重印）
ISBN 978-7-122-34768-8

Ⅰ．①工⋯ Ⅱ．①陈⋯ Ⅲ．①工业设计 Ⅳ.
①TB47

中国版本图书馆 CIP 数据核字（2019）第 127132 号

责任编辑：王 烨 项 潋   美术编辑：王晓宇
责任校对：宋 夏   装帧设计：水长流文化

出版发行：化学工业出版社（北京市东城区青年湖南街 13 号 邮政编码 100011）
印   装：涿州市殷润文化传播有限公司
710mm×1000mm 1/16 印张 14½ 字数 293 千字 2024 年 4 月北京第 1 版第 6 次印刷

购书咨询：010-64518888   售后服务：010-64518899
网   址：http://www.cip.com.cn
凡购买本书，如有缺损质量问题，本社销售中心负责调换。

定 价：89.00元

前言

消费是经济增长的重要"引擎",是中国发展巨大潜力所在。在稳增长的动力中,消费需求规模最大,和民生关系最直接。

供给侧改革和消费转型呼唤"工匠精神","工匠精神"催生消费动力,消费动力助力企业成长。中国经济正处于转型升级的关键阶段,涵养中国的现代制造文明,提炼中国制造的文化精髓,将促进我国制造业由大国迈向强国。

而设计是什么呢?我们常常把"设计"两个字挂在嘴边,比方说那套房子装修得不错、这个网站的设计很有趣、那张椅子的设计真好、那栋建筑好另类……设计俨然已成日常生活中常见的名词了。2015年10月,国际工业设计协会(ICSID)在韩国召开第29届年度代表大会,沿用近60年的"国际工业设计协会ICSID"正式改名为"世界设计组织WDO"(World Design Organization),会上还发布了设计的最新定义。新的定义如下:设计旨在引导创新、促发商业成功及提供更好质量的生活,是一种将策略性解决问题的过程应用于产品、系统、服务及体验的

设计活动。它是一种跨学科的专业,将创新、技术、商业、研究及消费者紧密联系在一起,共同进行创造性活动,并将需解决的问题、提出的解决方案进行可视化,重新解构问题,并将其作为建立更好的产品、系统、服务、体验或商业网络的机会,提供新的价值以及竞争优势。设计是通过其输出物对社会、经济、环境及伦理方面问题的回应,旨在创造一个更好的世界。

由此我们可以理解,设计体现了人与物的关系。设计是人类本能的体现,是人类审美意识的驱动,是人类进步与科技发展的产物,是人类生活质量的保证,是人类文明进步的标志。

设计的本质在于创新,创新则不可缺少"工匠精神"。本系列图书基于"供给侧改革"与"工匠精神"这一对时代"热搜词",洞悉该背景下的诸多设计领域新的价值主张,立足创新思维而出版,包括了《工业设计看这本就够了》《平面设计看这本就够了》《家具设计看这本就够了》《商业空间设计看这本就够了》《网店设计看这本就够了》《环

境艺术设计看这本就够了》《建筑设计看这本就够了》《室内设计看这本就够了》共8本。

本系列图书紧扣当今各设计学科的热点、难点和重点，构思缜密，精选了很多与理论部分紧密相关的案例，可读性高，具有较强的指导作用和参考价值。

本系列图书第一版出版已有两三年的时间，近几年随着供给侧改革的不断深入，商业环境和模式、设计认知和技术也以前所未有的速度不断演化和更新，尤其是一些新的中小企业凭借设计创新而异军突起，为设计知识学习带来了更新鲜、更丰富的实践案例。

该修订版，一是对内容体系进一步梳理，全面精简、重点突出；二是在知识点和案例的结合上，更加优化案例的选取，增强两者的贴合性，让案例真正起到辅助学习知识点的作用；三是增加了近几年有代表性的商业实例，突出新商业、新零售、新技术，删除年代久远、陈旧落后的技术和案例。

工业设计是以工业产品为主要对象，综合运用科技成果和社会、经济、文化、美学等知识，对产品的功能、结构、形态及包装等进行整合优化的集成创新活动。作为面向工业生产的现代服务业，工业设计产业以功能设计、结构设计、形态及包装设计等为主要内容。与传统产业相比，工业设计产业具有知识技术密集、物质资源消耗少、成长潜力大、综合效益好等特征。作为典型的集成创新形式，与技术创新相比，工业设计具有投入小、周期短、回报高、风险小等优势。如今，"供给侧改革"在国内如火如荼地进行，工业设计对于提升产品附加值、增强企业核心竞争力、促进产业结构升级等具有重要作用。

本书内容涵盖了工业设计的多个重要流程，在许多方面提出了创新性的观点，可以帮助从业人员更深刻地了解工业设计；帮助产品设计及制造企业确定未来产业发展的研发目标和方向，升级产业结构，系统地提升创新能力和竞争力；指导和帮助欲进入行业者深入认识产业和提升专业知识技能。另外，本书从实际出发，列举众多案例对理论进行解析，因此，还可作为高校学习产品设计、工业设计、设计管理、设计营销等方面的教材和参考书。

本书由陈根编著。陈道利、朱芋锭、陈道双、李子慧、陈小琴、高阿琴、陈银开、周美丽、向玉花、李文华、龚佳器、陈逸颖、卢德建、林贻慧、黄连环、石学岗、杨艳为本书的编写提供了帮助，在此一并表示感谢。

由于水平及时间所限，书中不妥之处，敬请广大读者及专家批评指正。

编著者

CONTENTS 目录

01 设计概念

02 设计团队

03 设计时间表

04 设计调研

05 设计表达

06 设计思维

07 设计管理

08 设计评审

09 设计营销

10 设计思潮

01

设计
概念

1.1 设计是什么

设计是什么？我们常常把"设计"两个字挂在嘴边，比方说那件衣服的设计不错，这个网站的设计很有趣，那张椅子的设计真好用……设计俨然已成为日常生活中常见的名词了。但是如果随便找个人问："设计是什么？"可能没几个人回答得出来吧！"表现形状与颜色的方法"这种模棱两可的答案实在很难解释设计的本意。"设计"就是这样一个名词。从服装设计、汽车设计、海报设计等来看，设计大体就是思考图案、花纹、形状，然后加以描绘或输出。目前，设计广泛用来表示产品的形状（外观）。

"设计"这个名词，英文是"design"，源自拉丁文的"designare"，意思是"以符号表示想传达的事情（计划）"。从设计一词的来源，可以知道设计原本不是指形状，而是比较偏向计划。当工业时代来临，人类可以大量生产物品之后，必须先提出计划，说明制作过程及成品形式。当designare演变为design，并传入日本的时候，还被翻译为"图案"或"式样"。

图案一般是指平面，而式样则是用来形容立体物品。两个名字都带有强烈的视觉含义，但是要切记一点，这个词原本就有计划、规划的概念，"图案"中的"案"就有这个概念。比方说"人物设计"，就不单单只考虑人物的外观和形状，还包含人物资料设定，如人物的兴趣、日常生活模式、说话语气等，都涵盖在人物设计之中。

那么，设计为何会存在呢？它只是作为量产过程中的样本吗？设计到底是为了什么而诞生的呢？设计之所以存在，想必是因为"设计是人之所以为人，所不可或缺的元素之一。"当人类接触到美妙的设计时，心灵就为之撼动。功能性的设计增加了使用的方便性，带来舒适的生活，而生活舒适，心情自然愉悦，也就得到了安全感。

"但是设计的好坏，并不会涉及人类生命的安全啊？"有很多人会这样想，事实上那可不一定哦。功能性不高的设计用起来不方便，处理也困难，有时候还会造成意外。比方说一位美发师太过坚持外观，而选择一把很难用的剪刀。这把剪刀短时间内或许会让美发师满意，但是长久下来，难保不会引起疲劳，甚至很有可能导致意外事故的发生。又或者有人在设计一把前卫又时尚的伞时，为了外观考量而把伞头做成尖锐的金属针头，但是如果在人群中使用这种可怕的伞，则会威胁他人安全。同样地，在高处或危险场所使用的工具，如果设计时没考虑安全性，也会危及生命。反之，良好的设计可以间接让人精神百倍，燃起活动的斗志，发挥强大的力量。不方便、不好用的东西都可以借着设计的力量获得解决，设计是用来解决问题的好工具。

所谓设计，就是对于各种"物品"的创造，思考如何解决问题、什么样才叫美、如何平衡，提出计划、规划，然后以视觉方式表现出"物品"的形状。美妙的设计，也可以丰富人生。

2015年10月，国际工业设计协会（ICSID）在韩国召开第29届年度代表大会时，将沿用近60年的"国际工业设计协会ICSID"正式改名为"世界设计组织WDO"（World Design Organization），会上还发布了（工业）设计的最新定义。

新的定义如下：（工业）设计旨在引导创新、促发商业成功及提供更优质的生活，是一种将策略性解决问题的过程应用于产品、系统、服务及体验的设计活动。它是一种跨学科的专业，将创新、技术、商业、研究及消费者紧密联系在一起，共同进行创造性活动，并将需要解决的问题、提出的解决方案进行可视化，重新解构问题，并将其作为建立更好的产品、系统、服务、体验或商业网络的机会，提供新的价值以及竞争优势。（工业）设计是通过其输出物对社会、经济、环境及伦理方面问题的回应，旨在创造一个更好的世界。

设计是科学还是艺术，这是一个有争议的问题，因为设计既是科学又是艺术，设计技术结合了科学方法的逻辑特征与创造活动的直觉和艺术特性。设计架起了一座艺术与科学之间的桥梁，设计师把这两个领域互补的特征看成是设计的基本原则。设计是一项解决问题的具有创造性、系统性以及协调性的活动。管理同样也是一项解决问题的具有系统性和协调性的活动（Borja de Mozota，1998）。

正如法国设计师罗杰·塔隆（Roger Tallon）所说，设计致力于思考和寻找系统的连续性和产品的合理性。设计师根据逻辑的过程构想符号、空间或人造物，来满足某些特定需要。每一个摆到设计师面前的问题都需要受到技术的制约，并与人机工程学、生产和市场方面的因素进行综合，以取得平衡。设计领域与管理类似，因为这是一个解决问题的活动，遵循着一个系统的、逻辑的和有序的过程。

设计的定义及特征总结如表1-1所示。

表1-1 设计的定义及特征

特征	设计定义	关键词
解决问题	"设计是一项制造可视、可触、可听等东西的计划。"——彼得·高博（Peter Gorb）	计划制造
创造	"美学是在工业生产领域中关于美的科学。"——丹尼斯·于斯曼（Denis Huisman）	工业生产美学

续表

特征	设计定义	关键词
系统化	"设计是一个过程，它使环境的需要概念化并转变为满足这些需要的手段。"——A·托帕利安（A.Topalian）	需求的转化过程
协调	"设计师永不孤立，永不单独工作，因而他永远只是团体的一部分。"——T·马尔多纳多（T.Maldonado）	团队工作协调
文化贡献	"明日的市场，消费型商品会越来越少，取而代之的将是智慧型，且具有道德意识，意即尊重自然环境与人类生活的实用商品。"——菲利普·斯塔克（P.Stark）	语义学文化

1.2　衡量设计的标准

设计师总是忙于建立客户的信赖度。其实，设计需要应对几乎生活中的所有问题，并且帮助企业创造与消费者之间良好的关系，因此，设计师理应受到尊重，并得到公正的评价。如果设计师善于运用商业的管理标准来衡量自己对于客户的贡献，那么设计师就不会陷入设计评价的困惑。然而，对于大多数设计师，尤其是平面设计师而言，衡量设计的确是一件十分困难的事情。相对而言，有一些设计比其他设计更好量化，比如网站设计就可以依靠可用性测试的手段来衡量，而企业形象识别系统则几乎找不到量化的标准了。

评估设计价值的方法很多，主要用于研究、观察数量与质量这两方面因素。数量是可以客观统计的，而质量则相对主观，难以量化。衡量设计在数量方面的贡献，可以采用以下方法：

① 程序的改进；

② 缩减总成本；

③ 缩减材料和减少浪费；

④ 用户交互；

⑤ 新市场的接纳程度。

有关设计质量方面的评估，可以查看：

① 消费者满意度；

② 品牌信誉；

③ 审美吸引力；

④ 功能的改进。

许多国际性的设计组织，比如由国家扶植的三重底线英国设计委员会、丹麦设计中心，以及私人支持的美国设计管理学院（American-based Design Management Institute），一直以来都不断在设计价值方面从事深入的研究工作，并做了大量的研究报告。他们收集的设计数据与案例研究，并不仅仅局限于有关设计报酬方面的衡量。

无论是有形利益还是无形利益，最准确、高效和相关的设计衡量标准就是对企业或组织的评估。但是，人们很难将设计与销售业绩直接联系在一起，因此设计难以用销售数据量化。现在许多大型企业逐渐将英国学者约翰·埃尔金顿（John Elkington）提出的有关企业责任的"三重底线"（triple bottom line，图1-1）理论作为判断的重要参考。对设计而言，三重底线是指设计最终的产出——产品或服务必须对社会、环境和经济负责。因此企业倾向于用这三个因素来衡量设计，并且整体地平衡评估方案。

设计理应肩负起监督与鼓励企业对社会和环境的责任。通过告知、说服和激励的方式，设计师应获得消费者的想法，做客户想要完成的事情。如果设计目标满足三重底线的标准，并且增加了客户的利润，那么设计就发挥了自身的价值。

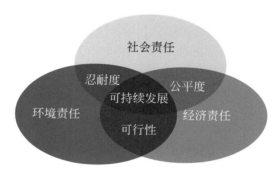

●图1-1　三重底线

1.3　**设计形态**

如今，设计随着科学技术的进步、现代工业的发展和社会精神文明的提高，并且在人类文化、艺术及新生活方式的增长和需求下发展起来，它是一门集科学与美学、技术与艺术、物质文明与精神文明、自然科学与社会科学于一体的边缘学科。

设计是一个相当多元化的领域，它既是技术的化身，同时也是美学的表现和文化的象征。设计行为是知识的转换、理性的思考、理念的创新及感性的整合。设计行为所涵盖的范围相当广泛，凡是与人类生活及环境相关的事物，都在设计行为所要发展与改进的范围内。20世纪90年代前，在学术界中一般将设计的领域归纳为三大范围：产品设计、视觉设计和空间设计。这是依设计内容所定出的平面、立体和空间元素的综合性分类描述。到了90年代，由于

电子与数字媒体技术的进步与广泛应用，设计领域自然而然地又产生了"数字媒体"领域，使得在原有的平面、立体和空间三元素外，又多出了一项四维空间——时间性视觉感受表现元素。这四种设计领域各有其专业内容、呈现样式和制作方法。

随着人类生活形态的演进，设计领域的体验渐趋多元化，然其最终的目标却是相同的，即为人类提供舒适而有质量的生活。例如，产品设计就是为人类提供高质量的生活机能，包括家电产品、家具、信息产品、交通工具和流行商品等；视觉设计就是为人类提供不同的视觉震撼效果，包括包装设计、商标、海报、广告、企业识别和图案设计等；空间设计则可以提升人类生活空间与居住环境的质量，其中包括室内、展示空间、建筑、橱窗、舞台、户外空间等的设计和公共艺术设计等。而数字媒体则是跨越了二维及三维空间的另一个层次的心灵、视觉、触觉和听觉的体验，其中包括动画、多媒体影片、网页、可穿戴及虚拟现实等内容。

林崇宏在其所著的《设计概论——新设计理念的思考与解析》一书中指出，设计领域的多元化，在今日应用数字科技所设计的成果中，已超越了过去传统设计领域的分类。21世纪社会文化的急速变迁，让设计形态的趋势也随之改变。新科学技术的进展，促使新设计领域的分类必须重新界定，大概分为工商业产品设计（industrial and commercial product design）、生活形态设计（life style design）、商机导向设计（commercial strategy design）和文化创意产业设计（cultural creative industry design）四大类，如表1-2所示。

表1-2　21世纪新设计领域的分类

设计形式	设计的分类	设计参与者
工商业产品设计	电子产品：家电用具、通信产品、计算机设备、网络设备 工业产品：医疗设备、交通工具、机械产品、办公用品 生活产品：家具、手工艺品、流行产品、移动电话用品 族群产品：儿童玩具、老人用品	工业设计师 软件设计师 电子设计师 工程设计师
生活形态设计	休闲形态：咖啡屋、KTV、PUB 娱乐形态：网络游戏、购物、交友、电动玩具 多媒体商业形态：电子邮件、商业网络、网络学习与咨询、移动电话网络	计算机设计师 工业设计师 平面设计师

续表

设计形式	设计的分类	设计参与者
商机导向 设计	商业策略：品牌建立、形象规划、企划导向 商业产品：电影、企业识别、产品发行、多媒体产品 休闲商机：主题公园、休闲中心、健康中心	管理师 平面设计师 建筑师
文化创意 产业设计	社会文化：公共艺术、生活空间、公园、博物馆、美术馆 传统艺术：表演艺术、古迹维护、本土文化、传统工艺 环境景观：建筑、购物中心、游乐园、绿化环境	艺术家 建筑师 环境设计师 工业设计师

1.4　设计流程

　　一般来说，设计有几个基本的程序：构思过程——设计创作的意识，即为何创作、怎样创作；行为过程——使自己的构思成为现实并最终形成实体；实现过程——在作品的消费中实现其所有价值。在整个设计过程中，设计师需要始终站在委托方与受众之间，为实现社会价值与经济目标而工作。按照时间顺序，设计从立项到完成一般经过以下四个主要阶段。

　　（1）设计的准备阶段

　　这是一切设计活动的开始。这一阶段可以分为"接受项目，制定计划"与"市场调研，寻找问题"两个步骤。设计师首先接受客户的设计委托，然后由委托方、设计师、工程师及有关专家组建项目团队，并且制定详细的设计计划。"市场调研，寻找问题"是所有设计活动开展的基础，任何一个好的设计都是根据实际需要与市场需求而诞生的。

　　（2）设计的展开阶段

　　可分为两个步骤："分析问题，提出概念"与"设计构思，解决问题"。前者是在前期调研的基础上，对所收集的资料进行分析、研究、总结，运用设计思维方法，发现问题的所在。"设计构思，解决问题"是在设计概念的指导下，把设计创意加以确定与具体化，对发现的问题提出各种解决方案。这个时期是设计中的草图阶段。

　　（3）设计的深入阶段

　　可分为"设计展开""优化方案"两个步骤。前者是指对构思阶段中所产生的多个方案进行比较、分析、优选等工作，后者是在设计方案基本确定后，再通过样板进行细节的调整，同时进行技术可行性分析。

（4）设计的制作阶段

这是设计的实施阶段，在这个阶段里要进行"设计审核，制作实施"和"编制报告，综合评价"两个步骤的工作。

设计的准备阶段又可称为"设计理解"阶段，设计的展开和深入两个阶段又可称为"设计构思"阶段，设计的制作阶段又可称为"设计执行"阶段。

1.4.1 设计理解

1.4.1.1　项目制定

（1）项目制定的内容

① 客户提出需求与项目目标；

② 客户评估项目并做初步的预算；

③ 客户制定初步的日程计划；

④ 如果可能，客户完成创意概要的草稿；

⑤ 客户寻找适合项目的设计师并且联系他们；

⑥ 客户与设计师会面，就设计项目达成初步共识；

⑦ 客户提交项目委托书；

⑧ 设计师确认设计项目，并提出相应看法；

⑨ 客户接受建议，并确认设计师；

⑩ 客户会根据设计师的要求提供项目的预付款。

（2）阶段目标

① 根据需求确定项目内容；

② 选择合适的设计师。

1.4.1.2　方向

（1）项目研究的方向

① 客户提供与项目相关的背景信息和资料；

② 设计师引导客户共同完成创意概要；

③ 客户与设计师对项目需求进行研究，包括竞争对手分析、目标用户、市场研究、设计研究，研究方法包括观察法、采访、问卷调查、统计法等；

④ 客户与设计师确认所有技术或功能需求；

⑤ 客户与设计师确认需求分析的研究结果，将设计问题具体化。

（2）阶段目标

① 明确的目标和意图；

② 确认机会；

③ 设定广泛的需求。

1.4.2 设计构思

1.4.2.1 战略

（1）设计战略的内容

① 设计师对收集到的信息和研究结论进行分析与整合；

② 设计师制定设计标准；

③ 设计师制定功能标准；

④ 设计师选择投放媒体；

⑤ 设计师向客户提供上述材料，客户补充、修改并确认；

⑥ 设计师制定并明确提出设计战略；

⑦ 设计师制定初步的实施计划，并使用导航图、线框图等视觉表现方法；

⑧ 设计师向客户提供上述材料，客户补充、修改并确认。

（2）阶段目标

① 制定策略概要；

② 确定设计方法；

③ 确认项目的交付清单。

1.4.2.2 探索

（1）探索的内容

① 设计师根据客户确认后的设计战略来完成概念设计。

② 设计师的构思过程可以包含以下形式：

a.草图/图示/手稿；

b.故事板；

c.流程图；

d.情景板/主题板；

e.外观和情感；

f.概念模型。

③ 设计师向客户提供上述材料，客户补充、修改并确认。

④ 客户理解、分析概念方向以形成明确的项目目标。

⑤ 通常设计师会提供多个设计概念以供比较与选择，然后选择其中一组概念进一步提炼与深化。

（2）阶段目标

① 构思设计概念；

② 深化概念。

1.4.2.3 发展

（1）发展的内容

① 设计师根据客户确认后的设计方向，深化设计概念；

② 随着概念的不断深入，对设计进一步详细展示，包括设计打样、动画演示、主要页面及版式、模型；

③ 展示中包含或通常包含复本、信息、图像、动画、声音；

④ 设计师向客户提供上述材料，客户补充、修改并确认；

⑤ 客户理解、分析概念方向以形成明确的项目目的与目标；

⑥ 通常客户会选择一个设计方案，然后由设计师继续深化。

（2）阶段目标

① 深化概念；

② 选择一个设计方向。

1.4.2.4 提炼

（1）项目提炼的内容

① 设计师根据客户确认的设计方案，进一步提炼设计。

② 通常需要修改的方面如下：

a.是否符合客户的需求；

b.次要部分是否自然；

c.设计元素的应用是否恰到好处。

③ 设计师向客户提供上述材料，客户补充、修改并确认。

④ 可能需要对设计进行测试，测试后可能会引发新一轮的设计修改和提炼，测试的方法包括验证、可用性测试、设计师给客户提供额外的设计方案来进行比较。

⑤ 设计师召集与组织产品预生产会议，可能涉及的与会人员包括印刷工、装配工、制造商、摄影师、插画师、音效师、程序员。

（2）阶段目标

这一阶段的目标主要是通过最终的设计方案。

1.4.3 设计执行

1.4.3.1　准备

（1）执行准备的内容

设计师根据通过的最终设计方案，着手实现设计。不同的投放媒体包含相应的关键因素，具体如下。

① 印刷品：排版、印刷技术、文本格式、制版、后期装订。

② 网页：网站构架、操作流程、页面内容、页面版式、平面元素、程序、测试。

③ 视频：脚本、动画制作、拍摄现场指导、编辑、后期制作、制片。

④ 环境：规格、最终效果、3D数码空间模型、生产准备、管理技术团队。

⑤ 包装：高分辨率文档、尺寸与规格、色彩矫正、结构。

（2）阶段目标

① 试生产；

② 准备好生产时要用到的材料。

1.4.3.2　生产

（1）生产的内容

① 根据项目和投放媒体的需要，设计师会将产品的数据资料交给其他专业人士处理。尽管这些专业人士有责任根据生产要求严格制造和批量生产，但是设计师也有义务监督其工作。这些专业人士包括分拣工、印刷工、装配工、制造商、工程师、程序员、媒体、广播（无线电广播）、网络（现场直播）。

② 上述人员及其工作可以由设计师来监督与管理，也可以由客户来直接管理。

③ 潜在的维护工作，特别是网页的维护，可以是项目的一部分，也可以作为另外一个独立的项目。

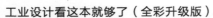

（2）阶段目标

① 设计材料；

② 制造完成并投入使用。

1.4.3.3 项目完成

（1）项目完成的内容

① 设计师和客户听取项目报告并回顾项目流程、完成结果（成功或失败反馈）、额外的生意机会；

② 设计师完成项目档案，同时还要及时记录项目执行过程中的细节，将这些作为项目总结和自我学习与提升的工具；

③ 设计师提交所有项目资料，项目完结；

④ 客户将剩余的委托费用支付给设计师。

（2）阶段目标

① 建立客户与设计师之间的联系；

② 设计师的自我推销；

③ 开始新的项目。

案例

飞利浦的设计流程

　　飞利浦的设计中心是由飞利浦公司总部负责的，中心内部设有若干小组，每个小组都由高水平的专业设计师组成，小组中的研究和设计专题由管理总部下达，保持与公司的研究目的一致。

　　飞利浦设计中心有几个技术支持部门，包括模型制作、资料分析、情报收集部门以及电脑设计部。除此之外，飞利浦公司的市场研究部门、消费心理研究部门也为设计提供资料和技术支持。

　　飞利浦的设计流程大致包括以下6个主要步骤。

（1）情报收集，情报分析，提出设计设想（图1-2）

　　对于设计师而言，情报的收集以及对其进行详细分析，是产生正确指导思想的重要方法。

　　对于情报收集我们可以有很多途径，从客户那里可以得到生产及现状的分析；走进市场可以了解产品的销售痛点及市场反馈；让消费者体验产品，将能够搜集真实的用户体验。

●图1-2　搜集情报

（2）设计草图阶段

　　草图（图1-3）是设计师发散思维、记录灵感的重要手段。其实每个设计师的草图不一定需要都达到大师级别，但设计师需要能够将自己的想法快速、准确地表达出来，以方便设计团队进行讨论。

●图1-3　各种草图

（3）各种草图、方案的讨论和分析（图1-4）

　　在方案讨论和分析及设计执行中，都必须考虑产品的系列化、标准化的问题，还要求符合企业总体形象。

●图1-4　草图、方案的讨论　　　　●图1-5　飞利浦医院呼吸面罩

（4）安全性因素

　　安全是任何一个有责任感品牌商所应该考虑的事情。飞利浦医院呼吸面罩系列（图1-5）能够快速配合治疗转变，有利于皮肤保护策略的执行，可以保证成人与儿童轻松佩戴面罩，有助于患者舒适自如地活动。

（5）完整的外形和色彩

　　重要的设计执行阶段，在这个阶段不仅要考虑产品外形的完整性，也要考虑产品色彩在设计中的重要性（图1-6）。

（6）耐用性因素

　　这里所讲的耐用性因素，是在很多其他公司的设计流程和原则中没有提到的。这也是飞利浦的产品坚实耐用的秘诀所在。

●图1-6　飞利浦新安怡储存杯

　　飞利浦LED已经扩展为一整套包含多种照明模组的解决方案，例如，GreenPower系列（图1-7）产品是专门为园艺生产设计研发的。除了质量稳定可靠，GreenPower LED产品还具有长寿命、高效热管理、高效率、防水防尘等特性，并能够针对每个具体应用案例研发出最适合、最持久的照明方案。

　　以上每个阶段工作都是采用小组联合研究的方式进行的，在整个工作过程中，每个具体的设计师都与小组中的其他工作人员保持连续的讨论和研究，进行反复的

●图1-7　GreenPower系列

交流，目的是集思广益，避免个人偏见造成的误差。

1.5 从经典的产品设计来认识工业设计的价值

1.5.1 带橡皮擦的铅笔

虽然带橡皮擦的铅笔（图1-8）我们已经司空见惯，但请不要小看它。这个产品将常用的两种文具的功能巧妙地结合在一起，而成为热卖的亮点，易用性不言而喻。

这就是工业设计，通过设计改善我们的日常习惯，让生活更加便利。

● 图1-8 带橡皮擦的铅笔

1.5.2 椭圆形孔的日式绣花针

穿针引线是一个麻烦细致的活儿，而有了这个椭圆形孔日式绣花针（图1-9）之后，这个工作就变得如此轻松。这个设计改动所取得的成功，是实实在在地提供了方便，也许这就是工业设计。而这款绣花针，在很长一段时间内垄断了中国绣花针的市场。

● 图1-9 椭圆形孔日式绣花针

1.5.3 会"叫"的水壶

如今，可以鸣叫的水壶十分常见。最早的会"叫"的水壶（图1-10）是在1985年，由设计大师迈克尔·格雷夫斯设计的。这件作品产生于波普运动时期，其经典之处在于在壶口的位置安装了一个小哨子，当水烧开时，小哨子就自然开始鸣叫，引起使用者注意。

● 图1-10 会"叫"的水壶

1.5.4 0系列剪刀

极其符合人机关系的0系列剪刀（图1-11）设计，改善了人们长时间使用剪刀的痛苦。充分注重人机交互，也是工业设计的一个重要方面。

● 图1-11 0系列剪刀

1.5.5 可口可乐玻璃瓶

工业设计能够拉开商品之间的差别，其意义是品牌的命脉和精髓。

例如可口可乐玻璃瓶（图1-12），设计大师罗维通过造型的设计，铸就了这样经典的形象，塑造了完美的可口可乐品牌形象。

●图1-12　可口可乐玻璃瓶

1.5.6 iMac 全套彩虹系列电脑

多彩的、透明的，这是苹果iMac全套彩虹系列电脑（图1-13）带给我们的感受。工业设计是创新的行业。

●图1-13　苹果iMac全套彩虹系列电脑

1.5.7 贝伦斯设计的风扇

贝伦斯设计的风扇（图1-14）是形式追随功能的一个典型代表工业设计作品。工业设计不是单纯的艺术手法，工业设计要在满足功能的基础上实现好的造型。

●图1-14　贝伦斯设计的风扇

1.5.8 PH 灯

工业设计创造"好"商品，这款PH灯（图1-15）的设计，在造型和材料方面均综合考虑，并利用灯光的折射作用得到柔和的灯光。

●图1-15　PH灯

1.5.9 甲壳虫汽车

甲壳虫汽车如图1-16所示。

工业设计是企业生产过程中的第一个环节，直接决定着工业生产的成败。一件真正成功的产品，能够产生极大的影响力，给企业的发展指出新的战略方向，带来巨大的市场和商业利润，创造出名牌效应。

●图1-16　甲壳虫汽车

1.5.10 iPhone

工业设计提升产品附加值，iPhone便是一个很好的例子。2018年9月苹果公司发布了iPhone XS（图1-17）。

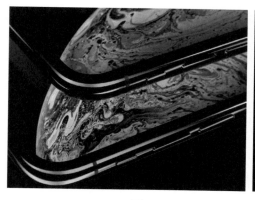

●图1-17　iPhone XS

同样都是手机，价格上却相差甚远，这就是工业设计的魅力。

综上案例，工业设计是一门综合的学科，不仅要在造型上实现美感的塑造，还要在功能及工艺方面取得突破，从而帮助企业塑造品牌形象、实现批量生产的利润。

02
设计
团队

2.1 设计团队的组建

项目的书面文件、预算、时间表和创意纲要都已就绪，接下来就要开始设计了。但问题是，如果在计划阶段没有组建好团队，那到底应该有哪些人参与这个项目呢？对于独立的设计师和小型设计公司来说，有时候这个问题是没有意义的，因为他们的选择非常有限。但是大的设计公司拥有多个团队，这些团队拥有不同的专长，例如专业的写作团队、网络编程员和摄影师团队，他们可以相互协作来实现项目的目标。这虽然有利于团队更好地发挥各自的专长，但同时也会带来经济和沟通方面的麻烦。这些问题都需要在项目进行的过程中妥善解决，但并不是不可逾越的，只是它们的细节需要更妥善地处理。

所有的设计团队，无论大小，为了实现最佳表现，都应该具备以下因素：

① 清晰的短期目标和长期目标；
② 明确的工作范围；
③ 表述清晰的预期；
④ 明确划分的角色与责任；
⑤ 项目的相关信息和背景；
⑥ 工作所需要的足够时间；
⑦ 合适的技术工具；
⑧ 有效的合作；
⑨ 持续的沟通；
⑩ 有意义的认可与奖励系统；
⑪ 监督和管理的支持；
⑫ 持续的进展（从创意到沟通）；
⑬ 达成一致的管理层级。

一般来说，一个项目都有一个核心的设计团队，它由具有创意方面专长和客户方面专长的人才所组成。在很多情况下，大量的设计师会参与进来，有些发挥创意的作用，另外一些则负责完成和制作作品。另外，具有特殊技术的人员也可能被添加到团队中，例如，插图画家或者印务公司经理。当一家设计公司的规模逐步变大时，不仅它的设计团队会扩张，还需要增加行政人员来帮助运营整家公司。他们为公司提供财务和行政方面的服务，支持创意和客户服务部门的工作，帮助项目以及整个公司运行得更为顺利和通畅。

对任何设计团队来说，为了运行良好，每个成员都要认识到自己的表现会影响到整个团队解决问题、开发创意以及满足客户的能力。如果他们可以充分理解自己应该为项目做出哪些贡献，项目就能获得良好的结果。如果对任务的规定模糊不清，到了某一个任务时，团队成员可能会觉得那是别人的事。糟糕的团队通常是由于沟通不善、合作环境不畅通而造成的。

在最好的情况下，一家设计公司应该拥有三个领域的人才：创意、客户服务和运营。项目经理一般要处理这三个领域交叉的任务，他们的角色可以用图2-1中三个领域交叉的白色三角形来表示。

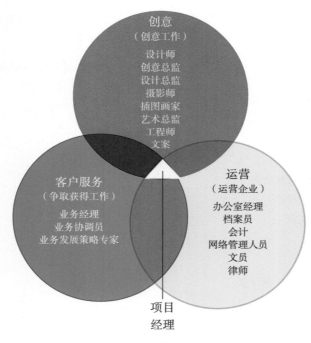

● 图2-1　项目经理的角色

2.2　设计团队的管理

管理是一门艺术，而设计项目经理则需要掌握这门艺术。他们要能够制定和实施预算计划和时间表，同时又能对团队人员进行管理。项目经理的工作伙伴是创意总监和设计公司的老板，因此，他们需要运作设计团队，创造出最好的创意和最高的生产率，但对有些项目来说，这两个方面似乎是相互冲突的。笼统地说，生产率就是劳动人员每小时的工作产出。对设计项目或设计公司来说，成本中占据最大比例的就是设计团队的报酬。所以，在设计行业，最重要的就是妥善地发掘利用设计团队的能力，使他们持续地提供最好、最有用和最具创意的成果。

（1）评估员工

影响设计团队生产率的因素有很多，包括项目工作条件（工作类型和复杂性）、障碍性活动（沟通不善、客户不够配合、电脑出现问题、成员健康问题等带来的障碍）以及团队成员的特点（成员的品质和贡献）等。《PMBOK指南》一书建议，评估员工及其工作表现可以考虑以下因素：

① 工作质量；

② 工作数量；

③ 工作知识；

④ 相关知识；

⑤ 判断力；

⑥ 主动性；

⑦ 资源的利用；

⑧ 可靠性；

⑨ 分析能力；

⑩ 沟通能力；

⑪ 人际交往技巧；

⑫ 抗压性；

⑬ 安全意识（对设计团队来说是创意意识）；

⑭ 对利润和成本的敏感性；

⑮ 计划的效果；

⑯ 领导力；

⑰ 委托力；

⑱ 帮助他人发展的能力。

《PMBOK指南》以3分为满分对每个项目进行评估。员工的得分越低说明他（她）的表现越好：

① 3=需要提高；

② 2=达到要求；

③ 1=很有优势。

我们知道，绝佳的创意不一定总是能够按照要求创造出来。有时候，我们需要更长的时间才能把工作做得更好。但是，专业的平面设计师总是会努力地缩小与这个目标的差距，尽力持续高效地完成设计工作。要做到这一点，在很大程度上依赖于项目经理是否做到了知人善任，因此，作为项目经理需要问自己如下几个问题：

① 他们是否清楚创意纲要和项目目标？
② 他们是否具备我们需要的技能？
③ 他们是否拥有项目所需的创意能力？
④ 他们管理时间的能力是否符合要求？
⑤ 他们对这个项目及团队成员是否持有良好的态度？

（2）激发最大的潜能

一个头脑清晰的领导者会制定清楚明确的愿景，并以此为基础指导团队工作。这种领导者能够激发出设计团队的最大潜能。他会激励团队成员更富有创造性，敢于冒险，勇于挑战自己的极限。其他一些可以激发创意人员潜能的因素包括：

① 相互尊重；
② 认可成员的贡献；
③ 提供良好的工作条件；
④ 富有挑战和趣味性的工作；
⑤ 提供发展机会；
⑥ 给予经济或其他方面的奖励。

设计公司有时候也不想让自己的员工过于富有创造性，他们只是希望员工的创造力保持在客户预期的范围内。这一点需要对员工进行额外强调。将创造力限制在达成一致的项目参数（创意纲要中所罗列的）以及不可避免的项目限制因素范围内，这一点十分重要。这也是区分为了设计而设计和为了艺术而设计这两类设计师的重要标准。但在设计自己公司的宣传材料时，设计师可以尽情地发挥其创造性。

（3）制作书面文件加以规范

为了确保员工的表现符合公司的期望，设计公司可以采取的一个好办法就是与员工签订雇佣合同或协议，其中清楚写明对劳动关系的期望、员工的任务描述以及员工将获得的相应报酬。雇佣合同中应该包含以下几方面的内容：

① 雇佣日期；

② 待遇（工作的小时数/天数、病假、公共假期、有薪假期等）；

③ 完整的工作描述；

④ 薪资；

⑤ 福利（医疗保险、专业人员身份、培训或再教育机会、退休保障计划等）；

⑥ 员工表现考核流程；

⑦ 第一次员工表现考核的日期；

⑧ 雇主的签名及日期；

⑨ 雇员的签名及日期。

设计公司的老板时常会抱怨他们的员工们不能胜任工作，或者总是说员工的工作重点与要求有差别。这通常是由于沟通不善造成的。每个员工的雇佣合同中都应该清晰地按照重要性顺序地标示出他们的职责，然后由项目经理对员工的工作进行监督，确保他们在项目中尽到了职责。

2.3　明确团队成员的职责

很多设计团队成员并不清楚相互之间的角色和责任，这是缺乏良好的领导和管理造成的。但要创作出伟大的设计，就要增强团队的凝聚力。在设计团队中，成员相互之间都负有责任，只有这样才能实现最佳效果。

对于设计工作来说，有一个现实问题就是随着项目从概念产生到最后完成，它实际上要经过很多专家的处理，如果是某个自由职业者单人负责一个项目，他（她）就必须在工作期间内完成一系列的工作。一般来说，设计工作流程从创意专家手中开始，在技术专家手中结束。这个过程对不同人员的经验和技能要求也因角色而不同。从大致概念的产生到设计成品的完成，这个过程需要不同的技能。那些提出优秀创意的人并不一定能够实现创意。设计师需要向他的客户解释这一点，但同时也要向设计团队本身明确这一点。所以如果项目管理者让团队成员按照自己的特长来承担项目中不同的任务，项目的进展就会非常顺利。设计项目中这种任务分解的做法可以让最合适的人选将其专长聚焦在特定的方面。

表2-1展示了多数设计团队中的主要角色及其职责。当然，规模更大的项目需要更多的人员（除了承担以上角色，还要有插画家、摄影师、动画师以及程序员）。设计团队必须清楚，他们要与很多不同的人合作，而其中一些人通常会持有不同的观点。

表2-1　明确设计团队中的主要角色及其职责

角色	职责
客户	发起项目，制定项目要求并且提供相关背景信息。制定创意纲要的框架。审批项目交付的文件，并对它们的质量进行评估
客户联络人（业务经理）	负责争取项目和推销本公司服务。为客户提供服务，包括每天与客户进行电话沟通。向项目经理提供建议
估算人（方案草拟者）	可能由客户联络人或由项目经理充当。处理所有与经济有关的问题谈判，准备项目所需文件
创意总监	提供整体愿景。一般来说，负责起草创意纲要，制定战略。负责创意呈现。任命设计团队成员
项目经理	管理项目。制定与项目相关的计划。评估项目表现，采取修正措施，控制项目成果，管理项目团队，并且汇报项目状态
设计师	根据创意纲要设计作品。负责完成项目活动以及制作需要交付的事项
文案	根据创意纲要完成文字工作
产品设计师	根据客户批准的设计方案制作成品
产品主管	负责设计产品的生产业务的投标并予以管理
出纳	提供所有项目相关的发票，管理现金流，负责公司与钱相关的事宜
供应商	为项目团队提供产品或服务

2.4　成功的设计团队

成功的设计团队要具有以下六个特征。

（1）技能互补

团队成员的技术相当，但并不相互重叠。他们在工作风格、技能、经验和创意方面呈现多样性。这一类的设计团队充满活力，能够创作出令人意想不到的作品。一个项目如果能够配备具有不同设计理念的设计师，并将他们组成团队，那么这个项目就会得到提升。

（2）个人获得授权

团队中的每个成员，不管资历深浅，都在鼓励下积极贡献自己的想法和建议。他们也得到信任，被委托以自己最大的能力完成各自的任务。设计师得到客户的授权，以及相互之间授予权力，就能最大化地发挥自己的创造力。

（3）积极参与

所有的团队成员都在项目过程中积极参与，视自己为项目的主人。所有成员都感觉他们为项目做出了真正的贡献，并热切地期待项目的结果。

（4）真正的紧密合作

团队成员相互尊重并且彼此信任；持续沟通和不断聆听会使团队形成开放的氛围，并使所有成员致力于团队的工作。

（5）冒险精神

所有人，其中包括个人和团队，都愿意抓住机会，勇于在设计工作中挑战极限。尝试新的选择是创造力的源泉。

（6）文明的争论

不同的想法可以激发新的点子，为团队增加新的灵感。挑战现状和彼此之间的信念可以使项目过程更为丰富，结果更为良好。不过，有效的团队应该清楚如何解决不同的意见，允许不同意见的存在，抑制毫无意义的冲突，然后继续前进。

2.5　设计组织

设计组织是管理者为达到既定设计目标而对各部门间的工作进行的沟通和协调。

设计组织贯穿于设计任务的全过程，对于设计项目管理者而言，设计过程其实也就是组织过程。前期设计计划的制定需要决策者挑选合适的人员组成计划制定小组，在制定计划过程中，明确设计部门同其他部门的相互关系及恰当地将任务分配给各部门，要考虑设计计划的最终目标和设计进行过程中的诸多细节，以便对整个设计过程中的部门、进程等方面的组合做出最优化的全局性把握。设计组织为设计任务的开展和过程搭建了框架，使各个部门

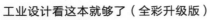

（工业设计部、工程设计部、生产部、市场策划部等）在各自工作的进程中能够得到较好的沟通，这样不但使各设计部门的功用得到优化，而且提高了工作效率，避免了某一部门工作方向偏差导致的严重后果。

随着市场的发展，设计组织的形式也呈现出多样化的特点。许多企业拥有自己的设计部门，保证了品牌形象的一致性和产品的继承性；许多设计师也纷纷单独成立或合伙组建工作室，承接外来诸多品牌和产品的设计项目。

2.5.1 企业设计中心

20世纪80年代以来，以新材料、信息、微电子、系统科学等为代表的新一代科学技术的发展，极大地拓展了设计学学科的深度和广度。技术的进步、设计工具的更新、新材料的研制及设计思维的完善，使设计学学科已趋向复杂化、多元化。传统的以造型和功能形式存在的物质产品的设计理念，开始向以信息互动和情感交流、以服务和体验为特征的当代非物质文化设计转化；设计从满足生理的愉悦上升到服务系统的社会大视野中。随着人类社会步入经济全球化，人类处于向非物质文化转型的时代，设计文化呈现多元文化的交融趋向，生态资源问题、人类可持续发展问题向设计学的发展发起巨大的挑战。特别是进入21世纪以后，设计已成为衡量一个城市、一个地区、一个国家综合实力的重要标志之一，设计作为经济的载体，已为许多国家政府所关注。全球化的市场竞争越来越激烈，许多国家都纷纷加大对设计的投入，将设计放在国民经济战略的显要位置。

目前设计在企业制造产品的过程中也是不可或缺的主角。设计不但可以与其他公司的商品做出区别，也是展现企业形象的工具。设计组织的作用已经得到了越来越多企业的重视。

下面以三星的设计为例，来了解企业设计中心在企业发展过程中起到的巨大作用。

自1969年在韩国水原成立以来，三星电子已成长为一个全球性的信息技术领导者，在世界各地拥有200多家子公司。三星电子的产品包括家用电器（如电视、显示器、打印机、冰箱和洗衣机）和主要的移动通信产品（如智能手机和平板电脑）。此外，三星还是重要电子部件（如DRA和非存储半导体）领域值得信赖的供应商。

三星承诺创造并提供优质的产品和服务，以此提高全球客户的生活便利性并践行更加智能的生活方式。三星致力于通过不断创新来改善全人类的生活。

（1）结缘奥运："病猫"变"猛虎"

1938年3月1日，三星前任会长李秉喆以3万韩元的资金在大邱市成立了"三星商会"。

李秉喆早期的主要业务是将韩国干鱼、蔬菜、水果等出口到中国。不久三星又有了面粉厂和制糖厂，自产自销，为这个世界性现代企业集团奠定了基础。1969年12月三星-三洋电机成立，后于1977年3月被三星电子兼并。至此，三星集团最赚钱的电子消费品业务已初具规模。

从1970年贴三洋标的OEM（主机厂）到20世纪80年代推出自有品牌产品并远销美国，三星从廉价代工者一跃成为世界顶级品牌，并连续多年被评为全球品牌价值上升最快的企业。当人们探求其成功的奥秘时，却发现奥运营销正是助其攀上天梯的翅膀，让当年负债累累的三星奇迹般地走出了困境，迅速登上了国际舞台。

三星官方显然也对此津津乐道，"三星与体育的关系"几乎成了媒体见面会上必谈的话题。三星与奥运的渊源可以追溯到1988年，当时三星以全国赞助商的身份出现在了汉城奥运会上。1997年，身处亚洲金融危机重灾区的三星负债比率暴增至296%，而会长李健熙却力排众议，坚持赞助奥运。他认为，要让三星品牌尽快变得家喻户晓并跻身世界顶级品牌，成为奥运TOP赞助商是重要步骤。

1998年，三星顶着巨大的阻力进入了奥运TOP赞助商计划，制定了"与顶尖企业在一起"的奥运营销主题并贯穿此后的多届奥运会。虽然奥运营销费用水涨船高，但三星的品牌价值也不断攀升，最终一举超过索尼，成为全球最有价值的消费电子品牌。

除了支持奥运会和亚运会之外，三星赞助的体育赛事遍及欧、美、亚三大洲。

三星还组建了17支运动队，涵盖了乒乓球、排球、篮球等项目。以奥运会为主的全球性赛事成了三星品牌战略的最佳载体，同时三星也利用体育营销为其品牌披上了"另类"的外衣。

（2）设计立企："地摊"到"殿堂"

在1997年的亚洲金融危机中，韩国三大财阀中的大宇轰然崩塌，现代受到重创，而三星却涅槃重生。到危机逐渐消退的2000年，三星电子在《财富》500强的排名已经升至第131位，2005年更是达到了第39位。2008年9月22日，韩国证交所宣布三星电子当日市值突破了1102亿美元，首次超过英特尔，成为全球市值最大的芯片制造商。创新设计是业界在谈及三星成功经验时，除了奥运营销之外最为热衷的话题。

1993年，时任三星集团会长的李健熙在访问洛杉矶零售商时发现三星产品在众多竞品中毫不起眼，他认为公司不能因过分重视节省成本而制造廉价产品，应将重点放在如何制造出独一无二的产品上。1994年底，十几位三星核心人员走进了美国加州艺术中心设计学院，谒见高登·布鲁斯和詹姆士·美和这两位国际顶尖设计师，这一天也标志着三星凭借原创设计走向超一流世界品牌的开始。

历经"十年寒窗"之后，三星在2004年成就了"创新之王"的神话：这期间其共获得18个IDEA奖项（由美国工业设计协会和美国《商业周刊》颁发的工业设计界的"奥斯卡"奖）、26个iF奖（由德国汉诺威工业设计论坛颁发）和27个G-Mark奖（由日本工业设计促进组织颁发的优秀设计奖）。

三星创新设计实验室（IDS）是一所内部学校，管理层将有培养潜力的设计人员送到这里，师从顶级设计专家开展在职研修。在主导设计风格的三星电子设计中心，共有200余位设计工程师，平均年龄也才30岁出头。自2000年以来，公司的设计预算以每年20% ~ 30%的速度增长。为了密切跟踪最重要的几个市场的走势，三星在伦敦、洛杉矶、旧金山和东京设立了设计中心。

更重要的是，三星改变了设计部门的运作常规，赋予设计人员更大的权力。设计中心没有着装规定，年轻设计人员可以将头发染成五颜六色。中心鼓励每个人畅所欲言，甚至可以对上司提出质疑。设计小组成员来自不同的专业领域，虽然资历迥异，但在工作上人人平等。值得一提的是，目前三星的部门主管均出自IDS，这些人的升迁也将创新设计理念带到了各个部门，造就了整个集团的创新氛围。

（3）2020：激励世界，创造未来

2013年《财富》世界500强发布，三星的收入达到了1785亿美元，利润达到了205亿美元，由2012年的20位上升至14位。

三星电子2020年的发展目标是"激励世界，创造未来"。这个新目标反映了三星电子的承诺，三星通过自己的三个主要优势——"新技术""创新产品"和"创造性的解决方案"来激励团队，努力为大家创造一个更美好的世界、给大家带来更丰富的体验。当三星认识到自己作为创意领导者在国际社会上所担负的责任时，也开始积极投入力量和资源，在践行员工和合作伙伴的共同价值观的同时，力争为行业和客户提供新的价值，希望为所有人创造一个令人振奋和充满希望的未来。

为实现这一目标，三星已经制定出具体的计划，力争2020年的收入总额达到4000亿美元，并成为世界五大领导品牌之一（图2-2）。为此，三星还在管理方面制定了三个战略方针："创意""伙伴关系"和"人才"。

目标
激励世界，创造未来

任务

通过新技术、新产品和新设计，丰富人民生活，
激励全世界，履行社会责任，为可持续性发展做出贡献

目标

01
定量目标
销售额达4000亿美元，
成为全球IT行业的领头羊，
位居全球前5名

02
定性目标
成为受人尊敬的创新公司；全球
前十最佳工作场所；建设新市场
的创意领导者；吸引世界上最好
人才的全球性企业

● 图2-2　三星电子2020年的发展目标

　　三星的价值创造根源于不断持续的创新。三星计划三年内斥资5万亿韩元（约合45亿美元）在韩国建成"智能设备研发中心""设计中心""新材料和零部件中心""芯片研发中心""扁平屏幕研发中心"5个研发中心。在"设计中心"基地方面，三星投入10.5亿美元，该基地坐落在首尔南部，2015年6月开始运营，可以容纳1万名三星设计师。另外两个研发基地坐落在韩国京畿道省，分别主攻"芯片研发"和"扁平屏幕研发"，2014年已经建成运营。

2.5.2 设计公司 / 工作室

　　相较于企业设计中心，设计公司是相对独立和灵活的设计组织机构。它对外承接各类企业产品的设计要求，设计领域广泛。设计公司的创意发挥更加自由，是设计界的活泉之源。

　　以下列举了一些世界比较有名的设计公司。

（1）美国IDEO设计与产品开发公司

主营业务有战略服务、人因研究、工业设计、机械和电子工程、互动设计、环境设计等（其官网如图2-3所示）。

●图2-3　美国IDEO设计与产品开发公司在欧洲的官网

（2）青蛙设计公司

主营业务有平面设计、新媒体、工业设计、工程设计和战略咨询（其官网如图2-4所示）。成功的设计有索尼的特丽珑彩电、苹果的麦金塔电脑、罗技的高触觉鼠标、宏碁的渴望家用电脑、Windows XP等。

●图2-4　青蛙设计公司官网

（3）意大利阿莱西设计公司

阿莱西是创立于1921年的意大利家用品制造商，是20世纪后半叶最具影响力的产品设计公司（其官网如图2-5所示）。产品包括酒瓶起子、刀具、水壶及茶具等各类家用品，非常人性化，富有人情味，而且有趣。该公司如今蜚声国际，旗下网罗着一大批设计大师，出品过许多款经典设计。阿莱西公司旗下的设计师们（设计巨匠们）的名单就是一部现代设计的名人录，这份名单包括：阿西里·卡斯特里尼、菲利普·斯塔克、理查德·萨博、米歇尔·格兰乌斯和弗兰克·盖里。

●图2-5　意大利阿莱西设计公司官网

（4）FRITZHANSEN

北欧最大的家具制造商，经历了数十年的变化，仍然是欧洲家具的设计指标（其官网如图2-6所示）。旗下的产品包括了蚂蚁椅、蛋椅、天鹅椅等经典产品，有 Alfred Homann、Hans J.Wegner、Arne Jacobsen 等大师级设计师。

●图2-6　FRITZ HANSEN 官网

中国好的设计公司也有很多，基本都集中在北京、深圳和上海，北京的设计公司知名的有洛可可等。

作为中国工业设计第一品牌，洛可可（LKK）成立于2004年，并迅速由一家工业设计公司发展成为一家实力雄厚的国际整合创新设计集团，总部位于北京，已成功布局伦敦、深圳、上海、成都等地（其官网如图2-7所示）。

●图2-7　洛可可设计公司官网

凭借独具一格的设计理念及创新实力，短短几年时间，洛可可创造了一项又一项令国内同行羡慕的业绩，开创了中国设计界的传奇。至今，洛可可也是唯一独揽四项国际顶级设计大奖的中国设计企业；同时也是获得各类设计奖项最多，服务世界五百强客户最多的中国设计企业。洛可可曾多次受到国家领导人的接见与关怀。

洛可可提倡以人性的终极关怀为核心的设计理念，坚持设计研究先行，凭借超乎要求的设计品质为产品和品牌带来一次次革命性的提升，从而获得了更大的市场占有率。

（1）为GE提供医患体验整体设计解决方案

历时5个月，通过与客户密切配合，双方共同确立了最终的设计方案。此过程中洛可可为其客户提供的不仅仅是一款设计方案，更提出了很多有价值的概念和模式，主要如下：

① 为客户建立产品模型试验体系，优化产品操作模式；
② 向客户提出用户一对一概念；
③ 为客户优化机器结构，降低开发成本。

　　通过实地观察访问，客观记录医护人员使用产品的全过程，并通过角色扮演模拟产品使用的全过程，进而通过1∶1等大模型不断模拟针对各个问题的解决方案，又一次次推翻重来，帮助团队明确产品的可用性和易用性。

　　通过实地观察访问，客观记录患者使用产品的全过程，并通过角色扮演模拟产品使用的全过程，进而通过1∶1等大模型不断模拟针对各个问题的解决方案，又一次次推翻重来，帮助团队深度理解患者的真实需求和考虑。

　　接下来，团队与客户一同去多家医院对多种类似医疗产品进行实地考察，亲身体验医患在使用过程中的真实情况，结合GE产品进行对比分析，洛可可的团队发现此过程中医患分别遇到不同程度的使用问题，但是目前产品未能合理解决。最终确定项目的根本原则为：让医护人员更易操作，让患者使用舒适。所有的分析思路和解决方案都是以此为准则的，这不仅考虑了用户的操作层面，更强调了对于用户的心理关怀（图2-8）。

操作模式分析

水平轴旋转

手动操作解锁装置设计及具体操作方式示意

 这两种操作方式在某个角度范围是舒适的

● 图2-8

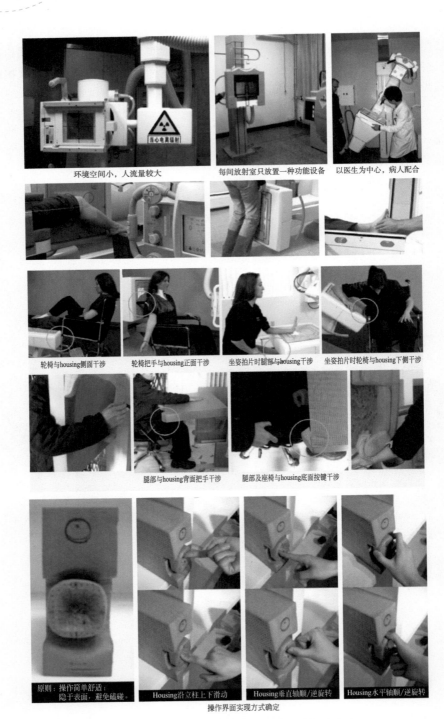

环境空间小，人流量较大　　每间放射室只放置一种功能设备　　以医生为中心，病人配合

轮椅与housing侧面干涉　轮椅把手与housing正面干涉　坐姿拍片时腿部与housing干涉　坐姿拍片时轮椅与housing下侧干涉

腿部与housing背面把手干涉　　腿部及座椅与housing底面按键干涉

原则：操作简单舒适；　　Housing沿立柱上下滑动　Housing垂直轴顺/逆旋转　Housing水平轴顺/逆旋转
　　　　隐于表面，避免磕碰。

操作界面实现方式确定

● 图2-8　为GE提供医患体验整体设计解决方案

● 图2-9　为美杜莎设计时尚HiFi耳机

（2）为美杜莎设计时尚HiFi耳机

在造型上打破常规耳机形式，以简单的单一曲面的变化进行设计，从而让此款耳机做到极简。外壳为整体成型，不需拆解。内部为流线型设计，改变头戴式耳机一贯的耳罩式设计，让耳机更具特色，在市场中有更大的产品差异化，传达了神秘、魅惑、时尚的产品气质。

该耳机在形式上相比于市场中现有的耳罩式耳机也有很大的突破。在耳机的头弓部分，拉伸耳机时只在外壳内部进行变化，外壳整体形态不变。不会因为伸缩的功能而破坏整体的形式。这是市场上第一款能调节耳机大小但不破坏整体外形的头戴式HiFi耳机（图2-9）。

2.5.3 设计竞赛组织

举办设计大赛的目的是通过设立公平的比赛规则、比赛题目，对公司、个人、学校师生进行广泛号召，激发他们对设计的兴趣和创造力，培养创新思维，促进人才教育的革新，发掘设计新星，预测设计趋势，实现设计知识和实践的交流，探讨产学研合作的新模式，促进人类生产生活的健康可持续发展。

著名的设计竞赛有IDEA设计比赛、Red Dot设计比赛等。

（1）IDEA设计比赛

美国IDEA奖全称是Industrial Design Excellence Awards，即美国工业设计优秀奖。IDEA是由美国商业周刊（BusinessWeek）主办、美国工业设计师协会IDSA（Industrial Designers Society of America）担任评审的工业设计竞赛。该奖项设立于1979年，主要是颁发给已经发售的产品。虽然只有37年的历史，却有着不亚于iF的影响力。作为美国主持的唯一一项世界性工业设计大奖，自由创新的主题得到了很好的突出。每年由美国工业设计师协会从特定的工业领域选出顶级的产品设计，授予工业设计奖（IDEA），并公布于当期的商业周刊杂志。

IDEA自20世纪90年代以来在全世界极具影响力，每年的评奖与颁奖活动不仅成为美国制造业彰显设计成果最重要的事件，而且对世界其他国家的企业也产生了强大的吸引力。IDEA的作品不仅包括工业产品，也包括包装、软件、展示设计、概念设计等，共9大类，47小类。

每年，全世界的设计师、学生和企业都有机会将其设计的作品呈现在各知名评委面前，接受评判，以争取获奖，成为世界最优秀的设计。奖项分为金奖和银奖。每年都会有上万件作品参加IDEA的评选，专家们会从中挑选出一百件左右的优秀作品，颁发给它们应有的荣誉。

赢得奖项的作品将在世界范围内受到大量媒体的报道，并全年在设计展览中陈列，也会受邀成为亨利·福特博物馆的永久收藏。

IDEA美国工业设计优秀奖共有三重使命。

① 通过不断拓展我们的边界、连通性和影响力来引导专业领域。
② 通过重视职业发展与教育来启发设计师的设计理念并提升其职业素养。
③ 提升工业设计领域的水平和价值观。

评判标准主要有设计的创新性、对用户的价值、是否符合生态学原理、生产的环保性、适当的美观性和视觉上的吸引力。

图2-10 ~图2-13为若干2018年的获奖作品。

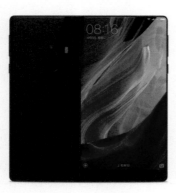

●图2-10 小米Mi MIX

① 小米Mi MIX（图2-10）。后盖、边框和按键全部为陶瓷材料，全面屏的外观且去掉了表面传统的听筒、红外距离感应器，设计了一个仅为普通相机50%体积的微型前置相机，定制了一块17∶9的超大圆角屏幕，不仅保持了全面屏最佳的视觉比例，还可以顺畅地使用虚拟按键进行系统操作 。

② Daydream View 虚拟现实头戴设备（图2-11）。这是一款高品质沉浸式虚拟现实头戴设备和运动控制器。它轻便、耐用，由多层柔软、透气的织物和泡沫制成，从而保证用户的舒适。用户只需要把手机放在设备上即可使用。这个设备适合绝大多数眼镜。这款设备的制作最大限度地降低了硬塑料部件的数量，在工艺和设计上都保证了足够的舒适度，并且它接触脸部的柔软面垫可以水洗。

●图2-11　Daydream View 虚拟
现实头戴设备

●图2-12　Microsoft Surface Dial
计算机辅助工具

③ Microsoft Surface Dial 计算机辅助工具（图2-12）。Surface Dial是一种用于多输入计算的计算机辅助工具，尤其适合进行数字化绘图。它提供了一种全新的自然、浸入式的人机交互新方式。当使用 Surface Studio 时，用户只需要把它直接放在屏幕上，就可以看到吸色管或标尺神奇地出现在与设备连接的数绘板上。

④ Scooter for Life 滑板车（图2-13）。Scooter for Life 滑板车很像现在很多老人随身推的小推车，不过是电动的还可以载人，让老年人可以更好地独立出行。大容量的储物功能，买菜的时候非常方便。拥有踏板车和手推车两种模式，可以自由转换。最贴心的是"带我回家"功能，患有轻度阿尔茨海默病的患者使用可以降低走失风险。

（2）Red Dot设计比赛

红点设计大奖（Red Dot Design Award），简称红点奖。始于1955年，由德国诺德海姆威斯特法伦设计中心主办，总部设在德国。此奖项由资深设计师和权威专家组成的国际评委会，根据产品的创新程度、功能性以及

●图2-13　Scooter for Life 滑板车

环保和兼容性等标准，评选出最优秀的参选产品，代表了全球工业设计界对其设计和品质的认可。

红点设计大奖在早期纯粹是德国国内的奖项，后来逐渐发展成为全球国际性的创意设计大奖。到目前为止，红点奖已经成为全球范围内最重要的设计奖项之一，现在该设计奖项主要分为产品设计、传达设计、设计概念。表彰在汽车、建筑、家用、电子、时尚、生活科学

以及医药等众多领域取得的成就。获得红点设计大奖不仅代表着该产品的杰出设计品质在国际范围内得到确认，还意味着该产品获得了设计与商业范围内最大程度的接受。

该奖项已经拥有来自40多个国家，超过4000名参赛者。苹果、西门子、博世、标致、宝马、梅赛德斯奔驰等都是红点设计大奖的参与者。

红点设计大奖是世界上知名设计竞赛中最大最有影响的一个竞赛，也是国际公认的全球工业设计顶级奖项之一，素有设计界的"奥斯卡"之称，与德国"iF奖"、美国"IDEA奖"并称为世界三大设计奖。

红点大奖注重时尚的创造与实用的结合，具有设计界及企业界最佳认可的地位。该奖项在每年2月至7月征件，评委们对参赛产品的创新水平、设计理念、功能、人体功能学、生态影响以及耐用性等指标进行苛刻评价后，最终选出获奖产品。得奖作品将会在德国的红点设计博物馆及红点设计官方网页上展出。

一些杰出的行业产品设计、大众传媒设计因其达到设计品质的极高境界而被授予"红点至尊奖"。

评审评判标准如下。

① 革新度　产品设计概念是否本身属于创新，或是属于现存产品的新的更让人期待的延伸补充。

② 美观性　产品设计概念的外形是否悦目。

③ 实现的可能性　现代科技是否允许设计概念的实现。如果目前科技程度达不到实现设计概念的程度，未来一至三年里是否有可能实现。

④ 功能性和用途　设计概念是否符合操作、使用、安全及维护方面的所有需求；是否满足一种需求或功能；是否能以合理的成本生产出来；是否适用于终端使用者的人体构造及精神条件。

⑤ 情感内容　除了眼前的实际用途，产品概念是否能提供感官品质、情感依托或其他有趣的用法。

在得知参赛结果之后至公布结果之前，将预留足够的时间给获奖者来申请保护获奖设计概念。参加红点奖竞赛不会使参赛者的知识产权受到损害。

评审在7月间进行，所有获奖者将在8月份获得通知。没有获奖的设计概念将不会向外界公布。只有获奖的设计概念才会在颁奖典礼和庆祝活动中揭晓具体设计。所以获奖者有大概三个月的时间来申请对获奖作品的知识产权保护。

世界任何国家地区的设计师、设计工作室、设计公司、研究试验单位、发明者、设计专业人士及设计学生，皆有参赛资格。

以下是2018年部分红点设计大赛获奖作品。

① Active Stool Uebobo（ 图2-14）。Active Stool Uebobo以其酷炫的外形解读了当下人们在家具消费观念上追求个性化、时尚化的审美转变。Active Stool Uebobo椅可自由升降座椅高度，体态轻盈，不占空间，能跟随身体任意摆动，以减轻后背的紧张和疼痛，有利于办公室员工的健康，是符合人体工学的办公椅。

●图2-14　Active Stool Uebobo

② R210CMS（图2-15）。R210CMS的设计目标是必须吸引那些想要第一次购买的业余爱好者，并且在准确性、质量和多功能性方面也能达到专业竞争对手的水平。

设计的重点是尽量减少关键区域的部件数量和装配步骤，同时将重量减轻10%，优化设计的材料和工艺，提高机械元件之间的耐受力，以提高精度和简化生产周期。

●图2-15　R210CMS

采用双手可操作的手柄（与刀片在一起）和精心设计的触点，包括安全保护扳机和斜角锁，使R210CMS能够在人机工程学和美学方面对抗它的入门级对手。

③ Flexa 玩具系列（图2-16）。Flexa 玩具系列设计由厨房、工作台和商店三部分组成，旨在加强儿童的精细运动技能，激励他们寻求知识，扩大他们的创造力和社交技能。该系列采用柔和的圆角设计，在色彩选择上充分考虑儿童喜好，在

●图2-16　Flexa 玩具系列

材料运用上选用自然材料和形状。整体设计风格将现代斯堪的纳维亚设计融入生活。

④ Nuraphone 骨传导耳机（图2-17）。Nuraphone是全球首款拥有自动学习和适应用户独特听力的耳机，它可以让用户把更多的精力放在音乐上。创新的耳内式结构可以在保持清澈音色的同时，带来深沉的低音效果。

⑤ SAILING 超薄小便池（图2-18）。设计灵感源自航行中的"帆"，外观上采用一体流线造型，无死角设计，便于有效防止细菌滋生。简洁的扇形挡板设计，配合35°斜角安装，有效保护个人隐私。

●图2-17　Nuraphone 骨传导耳机　　　　●图2-18　SAILING 超薄小便池

⑥ Logiblocs 益智玩具（图2-19）。这款玩具可以让孩子们轻松地了解电子、编码和复杂技术世界背后的逻辑。通过将元素以不同的组合方式连接在一起，孩子们可以创建电路并虚拟地制作自己的计算机程序。

●图2-19　Logiblocs 益智玩具

青蛙设计——一切都是为了创新

"为什么全球主要的巨人企业如迪士尼、微软、通用电气和摩托罗拉在掌握地球上一切资源后，都还需要转而向如青蛙设计这样的机构寻求建议或解决方案？"

青蛙设计在多年前就已经回答了这个问题："因为敏感而新鲜的想法难以存活在大多数企业的毒性环境中。"

●图2-20 青蛙设计公司标志

德国的工业设计举世闻名，包豪斯和乌尔姆设计学院作为现代设计最重要的摇篮，培养了两代设计师，开创了系统的设计方法和理性设计的原则。但到了20世纪60年代，商业主义设计盛行，德国工业设计中机械化且刻板的特征导致它们逐渐失去竞争力。德国国内一些新兴的设计公司开始探索新的出路，青蛙设计就是其中的代表。在创立之初，青蛙设计的目标就把设计定位为策略性专业，与工业和商业相结合，创造出审美和功能兼备的科技产品（其标志见图2-20）。它希望所有的设计师都能够掌握自己的命运，不甘心只是做一个装饰工匠。

青蛙设计公司的创始人艾斯林格（Hartmut Esslinger）于1969年在德国黑森州创立了自己的设计事务所，这便是青蛙设计公司的前身。艾斯林格先在斯图加特大学学习电子工程，后来在另一所大学专攻工业设计。这样的经历使他能很好地将技术与美学结合在一起。1982年，艾斯林格为维佳（Wega）公司设计了一种亮绿色的电视机，命名为青蛙，获得了很大的成功。于是艾斯林格将"青蛙"作为自己的设计公司的标志和名称。另外，青蛙（frog）一词恰好是德意志联邦共和国（Federal Republic of Germany）的缩写，也许这并非偶然。青蛙设计也与布劳恩的设计一样，成了德国在信息时代工业设计的杰出代表。

青蛙公司的设计既保持了乌尔姆设计学院和布劳恩的严谨和简练，又带有后现代主义的新奇、怪诞、艳丽，甚至嬉戏般的特色，在设计界独树一帜，在很大程度上改变了20世纪末的设计潮流。青蛙的设计哲学是"形式追随激情"（form follows emotion），因此许多青蛙的设计都有一种欢快、幽默的情调，令人忍俊不禁。青蛙公司设计的一款儿童鼠标器，看上去就好像一只真老鼠，诙谐有趣，逗人喜爱，让小孩有一种亲切感。

艾斯林格认为，20世纪的50年代是生产的年代，60年代是研发的年代，70年代是市场营销的年代，80年代是金融的年代，而90年代则是综合的年代。因此，青蛙的内部和外部结构都作了调整，使原来各自独立的领域的专家协同工作，目标是创造最具综合性的成果。为了实现这一目标，公司采用了综合性的战略设计过程，在开发过程的各种阶段，企业形象设计、工业设计和工程设计三个部门通力合作。这一过程包括深入了解产品的使用环境、用户需求、市场机遇，充分考虑产品各方面在生产工艺上的可行性等，以确保设计的一致性和高质量。此外，还必须将产品设计与企业形象、包装和广告宣传统一起来，使传达给用户的信息具有连续性和一致性。

青蛙的设计原则是跨越技术与美学的局限，以文化、激情和实用性来定义产品。艾斯林格曾说："设计的目的是创造更为人性化的环境，我的目标一直是将主流产品作为艺术来设计"。由于青蛙的设计师们能应付任何前所未有的设计挑战，从事各种不同的设计项目，大大提升了工业设计职业的社会地位，向世人证明了工业设计师是产业界最基本的重要成员以及当代文化生活的创造者之一。艾斯林格1990年荣登商业周刊的封面，这是自罗维1947年作为时代周刊封面人物以来设计师仅有的殊荣。

对青蛙设计公司来说，设计的成功既取决于设计师，也取决于业主。"对于我们来说，没有什么比找到合适的业主更重要的了"。相互尊重、高度的责任心以及相互间的真正需求是极为重要的，而这正是青蛙公司与众多国际性公司合作成功的基础。

青蛙公司的全球化战略始于1982年，当年青蛙公司在美国坎贝尔（Campbell）设立了事务所。1986年又在东京设立事务所，开拓亚洲业务。青蛙美国事务所为许多高科技公司提供设计服务，在设计中特别重视机器与用户之间的关系。1982年，青蛙设计获得了和苹果合作的机会，受邀到加州开设了分公司。它提供的设计背离了当时科技产品笨重、单调的外观，提供了一种新的设计语言，其中包括如下一些策略。

① 苹果电脑将会是小巧、干净、白色的。

② 所有图形和字体都必须是简洁而有秩序的。

③ 最终产品将由最先进的工厂车间打造，具有灵巧和高科技感的外观。

作为苹果公司长期的合作伙伴，青蛙积极探索"对用户友好"的计算机，通过采用简洁的造型、微妙的色彩以及简化了的操作系统，取得了极大的成功。1984年，青蛙为苹果设计的苹果Ⅱ型计算机出现在时代周刊的封面，被称为"年度最佳设计"（图2-21）。

●图2-21　青蛙为苹果设计的苹果Ⅱ型计算机

从此以后，青蛙公司几乎与美国所有重要的高科技公司都有成功的合作，其设计被广为展览、出版，并成了荣获美国工业设计优秀奖最多的设计公司之一。即使30多年过去了，人们还是会惊讶地发现，以上提及的这些策略仍然作为苹果风格的灵魂，沿用至今。

青蛙的设计师们也需要激发灵感，他们常说：激发创意设计的灵感，应该让这些设计元素都呈现在我们的眼前，然后我们可以更好地思考（图2-22）。和其他类似的公司相比，青蛙设计公司有更加丰富的经验，因而能洞察和预测新的技术、新的社会动向和新的商机。正因为如此，青蛙设计能成功地诠释信息时代工业设计的意义。

●图2-22　青蛙的设计师们在讨论设计思路

大多数使青蛙设计脱颖而出的灵感，可以归结为以下三个来源。

① 现场研究　与终端用户一起观察、聊天、合作设计非常有用。随着研究的深入，新颖有趣的构思随之浮出水面。这一阶段，设计师的目标不是去寻找设计

解决方案，而是通过用户行为来了解他们的痛点以及问题形成的根本原因。这便是系列设计活动的起点。

② 尝试新技术　了解一些新兴技术，运用和完善它们，看看它们会给设计师、给客户带来什么。这里跟大家分享一个来自frog旧金山工作室的案例：使用VR技术来帮助烧伤患者，病人通过VR技术提供的沉浸式游戏体验来缓解治疗期间所经受的疼痛。

③ 在系统化和集中概念生成的过程中寻找灵感　如果没有适当组织、调节，头脑风暴环节可能是一种浪费。头脑风暴本身不能保证一定会生成良好的概念，设计师需要前后的反射时间（自己和小组）。新的想法也需要被处理、改进，并集中探讨可能产生的后果。

除了以上这些灵感来源，青蛙的设计师们仍不断探索、向其他设计师学习，甚至是学习其他公司的成功方法理论。将这些优秀的设计灵感和案例研究作为参考，是比较与衡量青蛙设计公司工作质量的标准（图2-23）。

●图2-23　青蛙与荷兰最大连锁杂货店Albert Heijn合作设计的Appie
将数字世界与真实世界无缝连接

近60年间，青蛙设计业务已经从工业设计、用户界面设计（如图2-24所示），发展为实现了两者的融合，同时参与品牌战略设计和社会创新服务概念的策划。它们的作品包括将传统加油站改造为电动汽车的充电站；使用移动技术设计未来的数字医疗方案；结合数字世界的优势和真实世界的购物体验所设计的新型零售终端，可提供智能化建议和实时互动。今天的青蛙设计早已不再称自己为一家设计公司，而是一家创新公司。正是对创新的不懈追求，加上远见和冒险精神，让青蛙设计从一个小工作室，成长为今天令全球尊敬的国际设计巨头。

●图2-24　用户界面设计

03
设计
时间表

3.1　设计时间表

在所有人都明确了自己要完成的工作之后，项目计划中下一个要解决的问题就是制定时间表。在设计项目中，有时候只需要明确两个日期，即客户批准开展工作的日期和客户设定的交货日期。有些客户可能还会设定几个关键的日期，但一般来说都是设计师为项目的每个环节制定关键任务并设定相应的完成日期。

设计项目的经理意识到，时间表的制定是一个持续变动的过程。很少有设计项目能完全遵照最初制定的时间表来进行。日期变动通常归结为几个原因，其中绝大部分与客户有关（例如客户没有提供推进项目的关键资料，没有签署某些文件，或者对文件进行了改动）。如果项目经理认识到，时间表是一个灵活的框架，但同时也明白，时间表中所列的工作期限绝对不能耽误，那么他（她）就可以较为明智地运作项目。

如果要使时间表的制定更为顺畅，设计团队与客户之间需要就双方的责任和关键要求进行明确的沟通。而客户也必须清楚，如果因为他们的原因而使项目错过了任何一个任务完成的期限，那么接下来所有的工作都会受到影响。对于平面设计公司来说，不要错过任何工作期限是一个非常重要的原则。客户可以晚，但是设计师绝不可以晚。如果这种问题确实发生了，最好尽早通知客户，告诉他们工作中出现了一些问题，可能比预定日期稍晚才能完成。这也是管理客户预期和满意度的工作内容之一。

图3-1展示了设计时间表的制定流程。在这个过程中，项目经理最好对每个环节需要完成的工作有清楚的认识。如果为设计团队提供必须资料之前就启动项目，项目经理就犯了一个大错。如果他（她）又将在错误基础上制定的日期提供给了客户，那就更糟糕了。一个正式的时间表和计划制定流程可以帮助改善团队的后勤运作，避免浪费时间，并且确保项目工作按计划进行。

因为设计活动本身充满变数，所以为设计项目制定时间表是一项具有挑战性的工作。在制定时间表的过程中，项目负责人需要考虑哪些任务和活动是需要按照一定顺序进行的，又有哪些活动是独立的，是不需要经过一定的前期准备就可以完成。为了形象地将设计项目中各个要素和任务之间的关系展示出来，同时也给它们排出先后顺序，设计师可以选择制作甘特图。

甘特图是项目管理的经典工具，它可以在同一文件同时展示多个任务和时间线索。一般来说，时间排列在横轴上，以周或天为单位，具体的任务则被放置在纵轴上。条状阴影则表示为某一任务设定的完成期限。

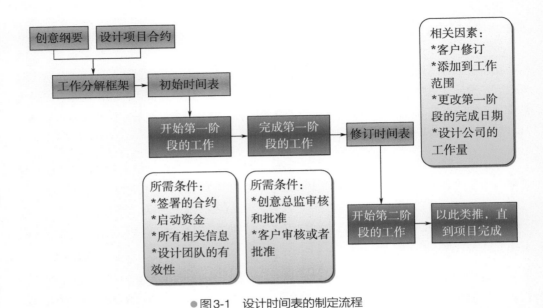

● 图3-1 设计时间表的制定流程

图3-2所示的甘特图展示了标志设计项目第一阶段的工作。项目初始阶段需要完成的主要工作及时间安排在这个图中一目了然。

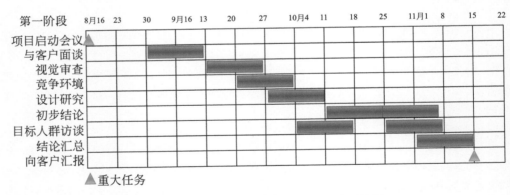

● 图3-2 以标志设计为例，第一阶段的甘特图

并不是每个设计项目都需要制作甘特图。对某些设计团队来说，简单的日期清单和自动电邮提醒就足够了。而对其他一些设计团队来说，特别是使用项目管理或者电子制表软件的团队，制作图表就会变得十分简单而实用，因为图表直观、清晰而且有效。

3.2 时间管理

时间管理是团队中的所有成员都必须在整个项目过程中全程参与的持续性活动。同时，时间管理也是设计项目在计划阶段时必须首先解决的问题。项目经理在明确工作范围后制定详尽的工作分解框架。这时他（她）已经明白了需要完成哪些工作以及明白了它们之间的等级关系。他（她）也已经知道了每项工作大概需要多长的时间来完成，并将所有的信息汇总到时间表中。这在理论上听起来很可行，但是在实际操作过程中还需要时间管理来发挥制衡作用。良好的时间管理有助于制定工作计划，并能确保各项工作按照预先制定的流程顺利开展。

从以下几个方面努力，可以有效地实现时间管理。

（1）设计师需要时间表

时间管理的最佳辅助工具就是工时表。它每隔15分钟记录一次设计师工作日里的工作状态。很多设计师对于这种方式有抗拒心理，多数是因为它很无聊乏味。有些设计师认为，如果项目的酬劳是固定的，而不是按工时领取，那么工时表就没有太大的意义。但是，工时表之所以有重要价值是因为它是确保项目盈利和估算未来工作的基本工具。

工时表有助于项目经理追踪团队的工作进展。通过定期（通常是每天或者至少每周一次）审查工时表，项目经理可以及时了解项目是否按照之前设定的时间来安排进展。尽早明确这一点，可以帮助项目经理开展如下工作：

① 发现团队成员工作中的漏洞并及时纠正问题；
② 质疑为什么工作没有按计划完成，经常需要向客户递交工作变更通知；
③ 如果可以，缩减项目后期阶段分配的时间，从而弥补项目早期耽误的时间和工作；
④ 向客户要求额外的时间。

（2）让客户参与进来

由于项目中的时间表通常不断变化，所以项目经理需要告知客户目前的时间表在今后的工作中可能会进行调整，以减少不必要的麻烦和误解。

为设计项目制定计划和时间表都需要做预测。这需要进行有根据的猜测，并观察这些猜测是否应验。无论对项目启动阶段还是对整个项目过程来说，时间管理的分析都至关重要。一个出色的项目经理会根据工时表和工作完成情况等事实和数据来推断达到最终目标的方法。密切观察设计团队的时间利用情况，可以让项目经理今后在制定时间表时做出更好的决策。

另外，通过再次与客户进行沟通，项目经理还可以为进行中的项目调整时间表。

（3）时间表软件

项目管理软件一般都具有制定时间表的功能。这类软件通常功能强大，但有时对很多设计项目来说需要太多的人力。使用这类软件的最大好处是它们通常与电子邮件相连，这样就可以为项目设置一个自动警告，提醒项目经理和团队成员他们的项目已经进行了很长时间。有些设计师可能会简单地采用一个网络共享的日历作为项目的时间表工具。还有一些设计师喜欢采用项目状态报告。另外还有一些设计师会每天开个短会，明确当天的任务。不管时间表工具的复杂程度和精细程度如何，选择团队最喜欢的那个。

① 用软件显示事项的优先顺序　几乎所有的设计公司都会从委派专人管理公司的整体工作流程和工作量中受益。项目经理需要注意，不同任务完成期限的设置以及客户的要求之间是否存在潜在的冲突。这里最好的做法之一就是使用时间表软件。

在设计项目中，不同活动需要按照特定的顺序来完成，这个顺序就叫优先关系。时间表软件可以帮助项目经理很好地追踪和管理这些关系。这种任务的先后顺序可以通过甘特图清楚地展现出来。

② 用软件能帮助制定应急方案　设计项目经理在时间表中设置的工作期限可能比他（她）实际估量的期限要短，通过这种方式为某项任务或环节预留额外的时间，这就叫制定应急方案。及时制定应急方案，并且投入实施，可以帮助设计团队紧跟时间表的计划。例如，如果一项工作原计划需要在星期四完成，那么就要在星期三确认工作是否完成，从而确保该工作在星期四必定可以完成。允许时间表中有一点拖延，意味着项目经理拥有一些缓冲的余地。但同时，项目经理也必须把握好度，以免给项目带来真正的拖延或者问题。

04

设计
调研

设计调研是设计活动中的一个重要环节，通过调研可广泛收集资料并进行分析研究，得到较为科学的设计项目定位。设计调研一般由设计师或专门的调研机构完成，设计师必须了解调研的过程，并能对结果进行深入分析。调研结果反映的基本上是短期内的情况，而设计思维需要具备一定的超前性才能把握设计的正确方向，设计师要利用调研结果，但不能被调查数据和调查结论禁锢了头脑。

4.1　设计调研的内容

（1）市场情况调查
即对设计服务对象的市场情况进行全面调查研究的过程，包括以下三方面内容。

① 市场特征分析：分析市场特点及市场稳定性等。
② 市场空间分析：了解市场需求量的大小，目前存在的品牌所占的地位和分量。
③ 市场地理分析：主要是地域市场细分，包括区域文化、市场环境、国际市场信息等。

（2）消费者情况调查
即针对消费者的年龄、性别、民族、习惯、风俗、受教育程度、职业、爱好、群体成分、经济情况以及需求层次等进行广泛调查，对消费者的家庭、角色、地位等进行全面调研，从中了解消费者的看法和期望，并发现潜在的需求。

（3）相关环境情况调查
消费者的购买行为受到一系列环境因素的影响，设计师们要对市场相关环境如经济环境、社会文化环境、自然条件环境和政治环境等内容进行调查。由于文化影响着道德观念、教育、法律等，对某一市场区域的文化背景进行调研时，一定要重视对传统文化特征的分析，并利用它创造出新的市场机会。

（4）竞争对手情况调查
对相关竞争对手的情况调查，包括企业文化、规模、资金、投资、成本、效益、新技术、新材料的开发情况以及利润和公共关系。另外，还包括有相当竞争力的同类产品的性能、材料、造型、价格、特色等，通过调查发现它们的优势所在。

4.2　设计调研的步骤

设计调研的步骤如下。

① 确定调查目的，按照调查内容分门别类地提出不同角度和不同层次的调查目的，其内容要尽量具体地限制在少数几个问题上，避免大而空泛的问题出现。

② 确定调查的范围和资料来源。

③ 拟订调查计划表。

④ 准备样本、调查问卷和其他所需材料，按计划安排，并充分考虑到调查方法的可行性与转换性因素，做好调查工作前的准备。

⑤ 实施调查计划，依据计划内容分别进行调查活动。

⑥ 整理资料，此阶段尊重资料的"可信度"原则十分重要，统计数字要力求完整和准确。

⑦ 提出调研结果及分析报告，要注意针对调查计划中的问题进行回答，文字表述简明扼要，最好有直观的图示和表格，并且要提出明确的解决意见和方案。

4.3　设计调研的方法

调研方法在设计项目确认阶段极其重要，能否科学并且恰当地运用调研方法，将对整个设计项目的准确定位产生十分重要的影响。

4.3.1 情境地图

情境地图是一种以用户为中心的设计方法，它将用户视为"有经验的专家"，并邀其参与设计过程。用户可以借助一些启发式工具（generative tools），描述自身的使用经历，从而参与到产品设计和服务

当处理多个字符……尝试对它们进行逻辑分组，通过简化而变得更为容易

例如

通过横向对比找出能给人提示警醒的成分

注意人物架构，不要为了拍摄就把人物放在一起，让布局更开阔

●图4-1　用户用绘画故事的方式描述自身的使用经历

设计中（图4-1）。

①"情境"是指产品或服务被使用的情形和环境。所有与产品使用体验相关的因素皆是有价值的，这些因素包含社会因素、文化因素、物理特征以及用户的内心状态（感觉、心境等）。

②"情境地图"暗示了所取得的信息应该作为设计团队的设计导图。它能帮助设计师找到设计的方向、整理所观察到的信息、认识到困难与机会。情境地图只能启发设计灵感，不能用于论证设计结果。

（1）何时使用此方法

在设计项目概念生成之前使用情境地图的效果最佳，因为此时依然有极大的空间来寻找新的市场机会。除了能深入洞悉目标项目，使用情境地图还能得到其他诸多有助于设计的结果，例如，人物角色、创新策略、对市场划分的独到见解和有利于其他创新项目的原创解读等。情境地图法中运用了多种启发式工具，以便用户能在有趣的游戏中描述自己的使用经历，也能让用户更关注自己的使用经历。用户需要绘制一张产品或服务的使用情境图，以帮助他们表达使用该产品的目标、动机、意义、潜在需求和实际操作过程。对情境地图的研究能帮助设计师从用户的角度思考问题，并将用户体验转化成所需的产品设计方案。

（2）如何使用此方法

设计师在组织自己的情境地图讨论会议之前，应首先以参与者的身份加入其中，体验其中的各种流程及意义。这样，设计师在自己组织的会议中，能更好地与参与者进行互动，也能确保自己在情境地图讨论会议之前做好充分的计划和准备。否则，在寻找参与者、约定时间地点、准备启发式工具时，可能会遇到麻烦。

（3）主要流程

① 准备阶段

a.定义主题并策划各项活动。

b.绘制一份预先构想的思维导图。

c.进行初步研究。

d.在讨论会议前一段时间给参与者布置家庭作业，以增加他们对讨论主题相关信息的敏感度。这样做还可以引导参与者细心观察自己的生活并留意使用产品或服务的经验，从而反馈到讨论的主题中。这里可以使用文化探析方法。

② 进行阶段

a.用视频或音频记录整个会议过程。

b.让用户参与做一些练习，也可以运用一些激发材料与参与者建立对话。

c.向用户提出诸如"你对此（产品或服务）的感受是什么"和"它（产品或服务）对你的意义是什么"之类的问题。

d.在讨论会议结束后及时记录自身的感受。

③ 分析阶段　在讨论会议之后，分析得出的结果，为产品设计寻找可能的模式和方向。为此，可以从记录中引用一些用户的表述，并组织转化成设计语言。通常情况下，需要将参与者的表述转化、归纳为具有丰富视觉表达效果的情境图以便分析。

④ 交流阶段

a.与团队中其他未参与讨论会议的成员，以及项目中的其他利益相关者交流所获得的情境地图成果。

b.成果的交流十分必要，因为它对产品设计流程中的各个阶段（点子生成、概念发展、产品和服务进一步发展等）均有帮助。即使是在讨论会议结束数周以后，当参与者看到运用他们的知识产生的结果时，也会深受启发。

4.3.2 文化探析

文化探析是一种极富启发性的设计工具，它能根据目标用户自行记录的材料来了解用户。研究者向用户提供一个包含各种分析工具的工具包，帮助用户记录日常生活中产品和服务的使用体验。

（1）何时使用此方法

文化探析方法适用于设计项目概念生成阶段之前，因为此时依然有极大的空间以寻找新的设计可能性。探析工具能帮助设计师潜入难以直接观察的使用环境，并捕捉目标用户真实"可触"的生活场景。这些探析工具犹如太空探测器，从陌生的空间收集材料。由于所收集到的资料无法预料，因此设计师在此过程中能始终充满好奇心。使用文化探析法时，必须具备这样的心态：感受用户自身记录文件带来的惊喜与启发。因为设计师是从用户的文化情境中寻找新的见解，所以该技术被称为文化探析法。运用该方法所获得的结果有助于设计团队保持开放的思想，从用户记录的信息中找到灵感。

（2）如何使用此方法

文化探析研究可以从设计团队内部的创意会议开始，确定对目标用户的研究内容。文化探析工具包中包含多种工具，如日记本、明信片、声音图像记录设备等任何好玩且能鼓励用户用视觉方式表达他们的故事和使用经历的道具。研究者通常向几名到30名用户提供此工具包。工具包中的说明和提示已经表明了设计师的意图，因此设计师并不需要直接与用户接触。简化的文化探析工具包也常常包含在情境地图方法所使用的感觉研究工具包中。

（3）主要流程

① 在团队内组织一次创意会议，讨论并制定研究目标。

② 设计、制作探析工具。

③ 寻找一个目标用户，测试探析工具并及时调整设计。

④ 将文化探析工具包发送至选定的目标用户手中，并清楚地解释设计的期望。该工具包将直接由用户独立参与完成，期间设计师与用户并无直接接触，因此，所有的作业和材料必须有启发性且能吸引用户独立完成。

⑤ 如果条件允许，提醒参与者及时送回材料或者亲自收集材料。

⑥ 在跟进讨论会议中与设计团队一同研究所得结果，例如，创意启发式工作坊，具体可参考情境地图（4.3.1节）。

（4）方法的局限性

由于设计师与目标用户在此过程中没有直接接触，因此文化探析法将很难得到对目标用户深层次的理解。观察结果可以作为触发各种新可能的材料，而非验证设计结果的标准。例如，探析结果能反应某人日常梳洗的体验过程，但并不能得出该用户体验的原因，也不能说明其价值与独特性。

文化探析法不适用于寻找某一特定问题的答案。

文化探析法需要整个设计团队保持开放的思想，否则，将难以理解所得材料，有些团队成员也可能对所得结果并不满意。

使用这个方法要注意以下几点。

① 使各个探析工具具备足够的吸引力。

② 探析工具需保持未完成感，如果太过精细完美，用户会不敢使用。

③ 个性化探析工具材料，例如，在封面贴上参与者的照片。

④ 制定好玩且有趣的任务。

⑤ 将设计师的目的解释清楚。

⑥ 提倡用户即兴发挥。

⑦ 使用探析工具前先进行测试，以确保各项表述的准确性。

4.3.3 用户观察与访谈

通过用户观察，设计师能研究国标用户在特定情境下的行为，深入挖掘用户"真实生活"

中的各种现象、攸关变量及现象与变量间的关系。图4-2是设计师在观察乘客地铁刷卡的过程。

●图4-2　观察乘客地铁刷卡的过程

（1）何时使用此方法

　　不同领域的设计项目需要论证不同的假设并回答不同的研究问题，观察所得到的五花八门的数据亦需要被合理地评估和分析。人文科学的主要研究对象是人的行为，以及人与社会技术环境的交互。设计师可以根据明确定义的指标，描述、分析并解释观察结果与隐藏变量之间的关系。

　　当对产品使用中的某些现象、攸关变量以及现象与变量间的关系一无所知或所知甚少时，用户观察可以助设计师一臂之力。设计师也可以通过它看到用户的"真实生活"。在观察中，会遇到诸多可预见和不可预见的情形。在探索设计问题时，观察可以帮设计师分辨影响交互的不同因素。观察人们的日常生活，能帮助设计师理解什么是好的产品或服务体验，而观察人们与产品原型的交互能帮助设计师改进产品设计。

　　运用此方法，设计师能更好地理解设计问题，并得出有效可行的概念及其原因。由此得出的大量视觉信息也能辅助设计师更专业地与项目利益相关者交流设计决策。

（2）如何使用此方法

　　如果想在毫不干预的情形下对用户进行观察，则需要像角落里的苍蝇一样隐蔽，或者也可以采用问答的形式来实现。更细致的研究则需观察者在真实情况中或实验室设定的场景中

观察用户对某种情形的反应。视频拍摄是最好的记录手段，当然也不排除其他方式，如拍照片或记笔记。观察者要配合使用其他研究方法，积累更多的原始数据，全方位地分析所有数据并转化为设计语言。例如，用户观察和访谈结合使用时，设计师能从中更好地理解用户思维。将所有数据整理成图片、笔记等，进行统一的定性分析。

（3）主要流程

为了从用户观察中了解设计的可用性，需要进行以下步骤。

① 确定研究的内容、对象以及地点（即全部情境）。

② 明确观察的标准：时长、费用以及主要设计规范。

③ 筛选并邀请参与人员。

④ 准备开始观察。事先确认观察者是否允许进行视频或照片拍摄记录；制作观察表格（包含所有观察事项及访谈问题清单）；做一次模拟观察试验。

⑤ 实施并执行观察。

⑥ 分析数据并转录视频（如记录视频中的对话等）。

⑦ 与项目利益相关者交流并讨论观察结果。

使用此方法要注意以下几点。

① 务必进行一次模拟观察。

② 确保刺激物（如模型或产品原型）适合观察，并及时准备好。

③ 如果要公布观察结果，则需要询问被观察者材料的使用权限，并确保他们的隐私受到保护。

④ 考虑评分员们的可信度。在项目开始阶段计划好往往比事后再思考来得容易。

⑤ 考虑好数据处理的方法。

⑥ 每次观察结束后应及时回顾记录并添加个人感受。

⑦ 至少让其他利益相关者参与部分分析以加强其与项目的关联性。但需要考虑到他们也许只需要一两点感受作为参考。

⑧ 观察中最难的是保持开放的心态。切勿只关注已知事项，相反地，要接受更多意料之外的结果。鉴于此，视频是首要推荐的记录方式。尽管分析视频需要花费大量的时间，但它能提供丰富的视觉素材，并且为反复观察提供了可行性。

此方法也有局限性，当用户知道自己将被观察时，其行为可能有别于通常情况。然而如果不告知用户而进行观察，就需要考虑道德、伦理等方面的因素。

4.3.4 问卷调查

问卷是一种常用的研究工具，它可以用来收集量化的数据，也可以通过开放式的问卷题目，让受访者做质化的深入意见表述（图4-3）。

在网络通信发达的今天，以问卷收集信息比以前方便很多，甚至有许多免费的网络问卷服务可供运用。但方便并不代表可以随便，在问卷设计上仍然必须特别小心，因为设计不良的问卷，会

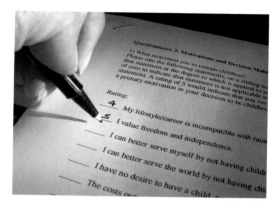

● 图4-3　问卷调查

引导出错误的研究结论，从而导致整体设计方针与策略上的错误。张绍勋教授在《研究方法》一书中，针对问卷设计提出了以下几个原则。

① 问题要让受访者充分理解，问句不可以超出受访者的知识及能力范围。

② 问题必须切合研究假设的需要。

③ 要能够引发受访者的真实反应，而不是敷衍了事。

④ 要避免以下三类问题。

a.太广泛的问题。例如"你经常关心国家大事吗？"每一个人对国家大事定义不同，因此这个问题的规范就太过于笼统。

b.语意不清的措辞。例如"您认为汰渍洗衣粉质量够好吗？"因为"够不够"这个措辞本身太过含糊，因此容易造成解读上的差异。

c.包含两个以上的概念。例如"汰渍洗衣粉是否洗净力强又不伤您的手？"这样受访者会搞不清楚要回答"洗净力强"和"不伤您的手"这两者中的哪一项。

⑤ 避免涉及社会禁忌、道德问题、政治议题或种族问题。

⑥ 问题本身要避免引导或暗示。例如"女性社会地位长期受到压抑，因此你是否赞成新人签署婚前协议书。"这问题的前半部，就明显地带有引导与暗示的意味。

⑦ 忠实、客观地记录答案。

⑧ 答案要便于建档、处理及分析。

现在，有很多专业的在线调研网站或平台，调研者可以选择多样化的调研方式。一些提供在线问卷调研和数据分析的软件见图4-4。

在线问卷调查的优点主要体现在以下7个方面：

① 快速，经济；

② 包括全球范围细分市场中不同的、特征各异的网络用户；

③ 受调查者自己输入数据有助于减少研究人员录入数据时可能出现的差错；

④ 对敏感问题能诚实回复；

⑤ 任何人都能回答，被调查者可以决定是否参与，可以设置密码保护；

⑥ 易于制作电子数据表格；

⑦ 采访者的主观偏见较少。

而在线问卷调查法存在的问题有：

① 样本选择问题或普及性问题；

② 测量有效性问题；

③ 自我选择偏差问题；

④ 难以核实回复人的真实身份；

⑤ 重复提交问题；

⑥ 回复率降低问题；

⑦ 把研究者的调查请求习惯性地视为垃圾邮件。

与传统调查方法相比，在线调查既快捷又经济，这也许是在线调查最大的优势。

●图4-4　一些提供在线问卷调研和数据分析的软件

4.3.5 实地调查

实地调查就是亲身到产品使用的现场，去观察和记录真实的过程和状态。假设要设计一套教学用的软件，设计前一定要到教室里面，去实际观察上课过程中老师与学生的互动状态，才能够设计出符合需求的成品。这种观察所得到的信息，是无法用面谈来取代的，因为通常人的主观意识和记忆，并不一定与事实相符。就像是在用圆珠笔做笔记时偶尔会抽空翻看手机一样。如果状况许可，在实地调查之后也很少有学生会在面谈中提到，上课过程中会和朋友用手机微信聊天（图4-5）。

尽管问卷和面谈都可以提供一些用户的相关信息，但实地调查，其实才是了解使用者以及使用状况最好的方式（图4-6）。

●图4-5　很少学生会在面谈中提到上课过程中会和朋友用手机微信聊天

●图4-6　只有通过实地调查才能够了解产品的真实使用环境和状态

4.3.6 焦点团体

　　焦点团体就是将一群符合目标客户条件的人聚集起来，通过谈话和讨论的方式，来了解他们的心声或看法。这种方式的好处在于有效率，并且也很适合用来测试目标客户群对于产品新形状或视觉设计的直接反应。但由于在团体的情况之下，讨论的方向和结论，很容易就会被少数几个勇于表现、擅于雄辩的人所主导，因此所得结果只适合参考，并不适合将所得建议和结论直接拿来作为修正设计的依据（图4-7）。

●图4-7　在焦点团体讨论的过程中很容易出现领导型的参与者，主导整体谈话的方向

　　一般来说，通过未经训练的素人焦点团体的共识所选择出来的设计方针，通常代表的是一种妥协，所以并不是有特色、有效的设计方针。以群体意见来主导设计的方式，在美国称为design by committee（委员会设计），意指太多人参与决策而最终达成一个平庸的设计决策。有名的谚语如此形容："骆驼是一群人设计出来的马（A camel is a horse designed by a committee）。"也就是说，原本很好的创意和想法，经过一群人讨论和妥协，最后产生的东西往往变成平凡无奇，甚至于什么都不是的四不像，因此妥协的结果只会降低产品成功的机会。

4.3.7 量化评估

量化评估（图4-8）能够提供客观的数据，潜在市场的大小、用户的平均年龄、消费额度或习惯等，这种接近市场调查的数据，可以协助规划设计的大方向和原则。此外，可用性也可以用量化的方式做评估，例如一般人的阅读速度、按钮合理尺寸等。这种市场分析或功效学的量化评估并不容易做到精确，但可以通过阅读文献资料和学者发表过的研究报告来获得资讯。

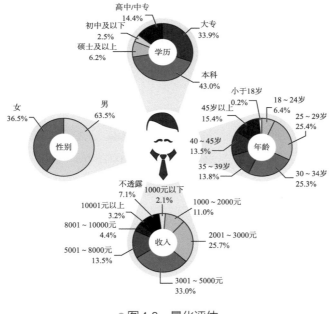

● 图4-8　量化评估

量化评估的主要功能在于获得客观的数据，例如年龄、性别、收入、学历等。

量化评估的结果，比较接近于描述一种社会现象，适合用来表达客观事实、局外人的观点、破除迷思和侦测规划性。

另一种研究的类型，则是质化研究（qualitative research）。质化研究比较主观，与个案紧密连接，比较能够表达个人的观点，因此有助于深入了解使用者。质化研究的方式很多，面谈、实地调查和文化探测等，都是质化研究的典型。

案例
短小故事打印机

不知从何时起，盯着手机成了人们在地铁或公交上的唯一行为。法国一家公司推出了一台短小故事打印机，在上车前你可以选择1分钟、3分钟、5分钟不等的精短小品文，以打发无聊的坐车时间，说不定读到一段感人的故事就解开了某个心结（图4-9）。

●图4-9　短小故事打印机

05

设计表达

5.1 设计定义

5.1.1 问题界定

设计的过程也被普遍认为是解决问题的过程。在解决问题之前，设计师首先要明确自己是否着手于解决正确的问题。寻找并界定真正的设计问题是得出解决方法最重要的前提。

（1）何时使用此方法

问题界定通常发生在问题分析的末期。任何问题的出现常常是出于对某种现状的不满。因为"满意"是一个相对的概念，所以"问题"的本质也是相对的。问题的界定需要从问题提出者的角度入手，因为他们能预见维持现状可能导致的问题，并且想采取措施防止这些问题发生。例如，"冬天快到了，你却没有御寒的衣服"情形中，由于你无法改变气候的变化，所以，冬天并不是问题所在，真正的问题是你没有合适的衣服。为了避免挨冻，你可以制作或购买一件毛衣或较厚的外套。

当一个问题需要被界定时，也意味着目前的信息不足以将当前状况准确、清晰地描述。因此对于一个情境的描述，不仅包含对当前客观状况的叙述，还包括对其他偶然情况（与相关人物或组织的行为方式相关的假设情形）的描述。只有当问题提出者想要改变某一情境时，该情境才能称为一个设计问题。换言之，设计师需要界定一个人们更迫切需要的、能替代当前使用情境的新的使用情境，即目标情境。沿用之前的例子，目标情境即是在冬天保持舒适与温暖。

（2）如何使用此方法

设计师往往容易忽略寻找并界定问题所需的工作，例如年轻的、有抱负的设计师更执着于设计一款前所未有的新型水壶、汽车或椅子，而在与客户讨论时，真正的需求问题可能与其描述的截然不同。因此，设计师需要具备丰富的经验和极大的勇气。又如，一个潜在的汽车购买者的真正问题可能并不是他想拥有一辆属于自己的车，而是要解决出行问题。因此，只要有车可用就能解决他的问题，并非一定要购买一辆属于自己的车。沿着这个思路思考，可以将设计思路引向汽车共享的概念上，即用服务替代产品。

（3）主要流程

回答以下问题可以帮助设计师界定设计问题。

① 主要问题是什么？

② 谁遇到了这个问题?

③ 与当前环境相关的因素有哪些?

④ 问题遭遇者的主要目标是什么?

⑤ 需要避免当前情境下的哪些负面因素?

⑥ 当前情境中的哪些行为是值得采纳的?

将所得结果整理成结构清晰、条理清楚的文字,形成设计问题。其中需包含对未来目标情境的清晰描述,以及可能产生设计概念的方向。对问题的清晰界定有助于设计师、客户以及其他利益相关者进行更有效的交流与沟通。

要注意:

① 分析问题时,会发现"现有情境"与"目标情境"之间有一定的冲突。明确清晰地描述这两者之间的差异,有助于设计师与其他项目参与者共同讨论这两者之间的关联。

② 将问题按不同的层次进行分类。从主要问题入手,思考产生问题的原因与影响,并将其切分成不同的细分问题。可以使用便笺纸绘制一棵问题树。

③ 一个问题也可以被看作是一次机会或创新的动力。从这个角度思考问题,设计师可以在项目中把握主动性,并从问题中得到启发。

但是,界定问题并不代表找到了解决问题的方案。

5.1.2 用户模型

(1)什么是用户模型?

用户模型(persona)是虚构出的一个用户,用来代表一个用户群。一个用户模型可以比任何一个真实的个体都更有代表性。一个代表典型用户的用户模型的资料有性别、年纪、收入、地域、情感、所有浏览过的URL,以及这些URL包含的内容、关键词等。一个产品通常会设计3～6个用户模型代表所有的用户群体。图5-1列举了一个简单的用户模型。

① 用户模型(人物角色)不是用户细分　用户模型看起来比较像用户市场细分。用户细分通常基于人口统计特征(如性别、年龄、职业、收入)和消费心理,目的是分析消费者购买产品的行为。用户模型则更加关注的是用户如何看待、使用产品,如何与产品互动,这是一个相对连续的过程,人口属性特征并不是影响用户行为的主要因素。用户模型是为了能够更好地解读用户需求,以及不同用户群体之间的差异。

Tina

性别：女
年龄：27
职业：产品设计师
收入：10000元/月
居住地：上海

使用产品的目的

业余摄影爱好者
爱好旅游并且喜欢用摄影来记录过程中发现的人与景色
经常在摄影论坛、摄影杂志及个人微博发布新的摄影作品

●图5-1　简单的用户模型

②用户模型（人物角色）不是平均用户　某个人物角色能代表多大比例的用户呢？在每一个产品决策问题中，"多大比例"的前置条件是不一样的，是"好友数大于20的用户"，还是"从不点击广告的用户"？不一样的具体问题，需要不一样的数据支持。人物角色并不是"平均用户"，也不是"用户平均"，我们关注的是"典型用户"或是"用户典型"。创建人物角色的目的，并不是为了得到一组能精确代表多少比例用户的定性数据，而是通过关注、研究用户的目标与行为模式，帮助我们识别、聚焦于目标用户群。

③用户模型（人物角色）不是真实用户　人物角色实际上并不存在。我们不可能精确描述每一个用户是怎样的、喜欢什么，因为喜好非常容易受各种因素的影响，甚至对问题不同的描述就会导致不同的答案。如果我们问用户"你喜不喜欢更快的马？"用户当然回答喜欢，虽然给他（她）一辆车才是更好的解决办法。所以，我们需要重点关注的，其实是一群用户需要什么、想做什么，通过描述他们的目标和行为特点，帮助我们分析需求、设计产品。

用户模型（人物模型）能够被创建出来、被设计团队和客户接受、被投入使用，一个非常重要的前提是我们认同以用户为中心的设计理念。用户模型（人物角色）创建出来以后，若想真正发挥作用，就需要整个业务部门/设计团队/公司形成UCD的思路和流程，并且愿意、自觉不自觉地将用户模型引入产品设计的方方面面。否则，用户模型始终是一个摆设、是一堆尘封的文档，只能在纸上画画，在墙上挂挂。

所以，在创建人物角色之前，我们需要明确几个问题：谁会使用这些用户模型？他们的态度如何？将会如何使用？做什么类型的决策？可以投入的成本有多少？明确这些问题，对用户模型的创建和使用都很关键。

（2）为什么要创建用户模型？

创建用户模型的目的是：尽可能减少主观臆测，理解用户到底真正需要什么，从而知道如何更好地为不同类型的用户服务。

① 带来专注　人物角色的第一信条是"不可能建立一个适合所有人的网站"。成功的商业模式通常只针对特定的群体。一个团队再怎么强势，资源终究是有限的，要保证好钢用在刀刃上。

② 引起共鸣　感同身受，是产品设计的秘诀之一。

③ 促成意见统一　帮助团队内部确立适当的期望值和目标，一起去创造一个精确的共享版本。人物角色帮助大家心往一处想，力往一处使，用理解代替无意义的PK。

④ 创造效率　让每个人都优先考虑有关目标用户和功能的问题。确保思路从开始就是正确的，因为没有什么比无需求的产品更浪费资源和打击士气了。

⑤ 带来更好的决策　与传统的市场细分不同，人物角色关注的是用户的目标、行为和观点。

（3）什么时候可以用到人物角色？

① 在制定产品策略时；

② 在讨论产品需求时；

③ 在项目优先级排序时；

④ 在进行任务分析时；

⑤ 在琢磨交互流程时；

⑥ 在选择设计风格时；

⑦ 在用研项目招募用户时；

⑧ 在锁定推广目标时；

⑨ 在完善运营方案时。

总之，在各种讨论、头脑风暴、PK时，在我们想冲口而出"用户×××"的时候，用户模型都可以派上用场。

（4）如何创建用户模型（人物角色）？

按用研类型和分析方法来区分，人物角色可以分为：定性人物角色、经定量检验的定性人物角色、定量人物角色。

这里有Alen Cooper的"七步人物角色法"和Lene Nielsen的"十步人物角色法"。

① Alen Cooper的"七步人物角色法"

a. 界定用户行为变量；

b. 将访谈主题映射至行为变量；

c. 界定重要的行为模式；

d. 综合特征和相关目标；

e. 检查完整性；

f. 展开叙述；

g. 制定任务角色模型。

② Lene Nielsen 的"十步人物角色法"

a. 发现用户（finding the users）。

目标：谁是用户？有多少？他们对品牌和系统做了什么。

使用方法：数据资料分析。

输入物：报告。

b. 建立假设（building a hypothesis）。

目标：用户之间的差异都有什么。

使用方法：查看一些材料，标记用户人群。

输出物：大致描绘出目标人群。

c. 调研（verifications）。

目标：关于人物的调研（喜欢/不喜欢、内在需求、价值），关于场景的调研（工作地环境、工作条件），关于剧情的调研（工作策略和目标、信息策略和目标）。

使用方法：数据资料收集。

输出物：报告。

d. 发现共同模式（finding patterns）。

目标：是否抓住重要的标签，是否有更多的用户群，是否同等重要。

使用方法：分门别类。

输出物：分类描述。

e. 构造虚构角色（constructing personas）。

目标：基本信息（姓名、性别、照片），心理（外向、内向），背景（职业），对待技术的情绪与态度，个人特质，其他需要了解的方面。

使用方法：分门别类。

输出物：类别描述。

f. 定义场景（defining situations）。

目标：这种 persona 的需求适应哪种场景。

使用方法：寻找适合的场景。

输出物：需求和场景的分类。

g.复核与买进（validation and buy-in）（可忽略）。

目标：你知道这样的人吗。

使用方法：了解角色阅读和评论角色描述的人。

h.知识的散布（dissemination of knowledge）（可忽略）。

目标：我们如何与团队分享角色。

使用方法：进一步的会议、邮件、活动、事件。

i.创建剧情（creating scenarios）。

目标：在设定的场景中，既定的目标下，当persona使用品牌的技术时会发生什么。

使用方法：叙述式剧情，使用persona描述和场景形成剧情。

输出物：剧情、用户案例、需求规格说明。

j.持续的发展（on-going development）。

目标：新的信息会使persona改变吗？

使用方法：可用性测试，新数据。

输出物：合适的用户角色。

（5）如何使用用户模型？

用户模型（人物角色）清晰地揭示了用户目标，它可以帮助我们把握关键需求、关键任务、关键流程，看到产品必须做的事，也知道产品不该做什么。人物角色不是精确的度量标准，它更重要的作用是作为一种决策、设计、沟通的可视化的交流工具。

丰满而有真实感的人物角色比正确的人物角色更有用。正确的、100%符合实际情况的角色是不存在的，我们应该尽可能丰富、形象化我们的目标用户群，让它在设计决策过程中发挥作用。

如何保持人物角色的活力？这个问题绝对不容忽视，尤其是当团队首次创建和使用用户模型时。用户模型不只是为某个项目、某次特殊需求而创建的。持续使用和更新，将核心用户的形象融入每个成员开发、设计思维中，才是人物角色的使命。我们需要不断地完善、展示、解释、使用它，建立用户模型文档、展示用户模型、与用户模型一起生活。

5.1.3 情境剧本

情境剧本的本质，就是描述角色模型在实际生活中使用产品过程的小故事。只有把产品放入一个现实生活的情境之中，才能够合理推断出用户所需要的功能以及产品必备的条件。最常见的情境剧本，就是描述初学者首度使用该产品的过程，因为初学者在学习过程中所面对的各种挑战，是所有交互设计师在设计任何产品时都必须关注的重点。

此外，每一个角色模型，可能会有好几套不同的情境剧本，分别描述该典型使用者如何在不同的情境下使用产品。延续先前的范例（图5-1），针对Tina这个角色模型，可能就会产生以下四种情境剧本：

① 新买相机之后开机设定各项功能；
② 受邀在闺蜜Lili婚礼上担任摄影师；
③ 出国旅游时在景点拍摄作品；
④ 将拍摄影像上传到个人微博。

以上的每一个情境剧本，都代表着使用者在不同情况下与产品互动的过程。同样是拍照，婚礼摄影与风景摄影就大不相同，因此必须有个别的情境剧本。以下以闺蜜Lili婚礼摄影为例，撰写一个简单的情境剧本。

Tina在闺蜜Lili的婚礼上担任摄影师，她的主要任务，就是跟着新娘一整天，记录这个美好的日子。Tina一大早便和Lili一起到了婚纱公司陪她上妆，在拍摄的过程里，Tina刻意选择不用闪光灯，尝试去捕捉现场灯光略带昏黄的浪漫感觉，也近距离拍了几张Lili头纱上面精美头饰的特写。

从入宅、祭祖一直到宴客，Tina寸步不离地跟着Lili，为了不错过任何一个镜头，连在车上Tina都拍了几张新郎和新娘十指交扣、四目传情的温馨镜头。中午休息的时候，Tina注意到记忆卡只剩下90张的容量，因此她抽空把早上的成果整理了一遍，除了删除一些失败的照片，还迫不及待地把几张精彩镜头上传到网络和不能来的亲友分享。

晚上的宴客是在福华饭店最大的精华厅举行，为了捕捉整体的气氛，Tina在大厅四处游走，抱着宁可错拍也不愿漏拍的精神不停地按着快门。在交换戒指的关键时刻，Tina还特意对着结婚钻戒拍了个大特写，成功地为Lili的婚礼留下了生动的回忆。

在这个范例之中，你会发现整体所描述的，是一种高层次的互动思考，例如"上传到网络和不能来的亲友分享"，它所暗示的是该功能在整体过程中的必要性，而不需要去详述该功能执行的步骤和方式，或者是技术上所需的各种条件或支持。金·古德温将这种做法，称为是"不为解决方式做批注的态度"（solution-agnostic approach）。古德温认为，在这个阶段太早开始构思执行方式和技术支持，很有可能会在无意间扼杀创意的发展。情境剧本的目的在于找出使用者可能需要的所有条件，而不是在列举设计团队的技术能力。交互设计的构思，不能够建构在技术功能之上，而功能的设计，必须以提供完美的理想服务为目标，不能本末倒置。

尽管用户需求和产品功能规划是情境剧本的重点，但这个技巧，也可以应用于其他的设计环节。从宏观的社会环境到细节的产品色彩、材质的必要性，其实都可透过情境剧本的方式表达。它是抽象设计的一种具体想象，优点在于让创意在不受任何限制的状态下发展，在设计流程中扮演着引导的角色。

5.1.4 故事板

故事板是一种用视觉方式讲述故事的方法，也用于陈述设计在其应用情境中的使用过程。故事板有助于设计师了解同类用户（群）、产品使用情境、产品使用方式和时间。

一般情境剧本的制定，是一系列故事性的文字叙述，而故事板，则是将情境剧本可视化的一种技巧。毕竟，在会议或者是简报的情况下，不可能有时间要求与会者像阅读故事书般地坐在那里读情境剧本，因此，故事板便成为一种有效传达整体概念的媒介。

故事板的技术，来自电影和广告片的分镜表，它的重点在于故事流程的叙述，而不是特定功能或接口设计的详述。与文字性的情境剧本相同，绘制故事板时也要有"不为解决方式做批注的态度"，聚焦在高层次的互动过程，避免过早开始讨论接口设计或是技术的细节。此外，也要避免卡通式的夸张和戏谑，这种形态的呈现虽然讨喜，但却会影响故事的真实性，让团队不容易进入情境之中和角色人物产生感同身受的同理心（图5-2）。

● 图5-2　脱离现实的卡通化夸张呈现并不适用于故事板

如果设计团队中没有善于绘制故事板的美术人才，也可以考虑用照片来取代，最好在拍完照片之后，用Photoshop将影像做一些处理，将不必要的细节删除，避免在讨论的过程中误导话题，例如演员的表情，不适当的选角、选景或是道具上的谬误，都有可能让讨论失焦（图5-3）。

● 图5-3　情境脚本的重点在于高层次的讨论，因此如果运用照片时可以模糊掉细节，可以避免在讨论时失焦

5.1.5 场景描述

场景描述法，也称为情境故事法或使用情景法。场景描述以故事的形式讲述了国标用户在特定环境中的情形。根据不同的设计目的，故事的内容可以是现有产品与用户之间的交互方式，也可以是未来场景中不同的交互可能。

（1）何时使用此方法

与故事板相似，场景描述法可以在设计流程的早期用于制定用户与产品（或服务）的交互方式的标准，也可以在之后的流程中用于催生新的创意。设计师也可运用场景描述的内容反思已开发的产品概念；向其他利益相关者展示并交流创意想法和设计概念；评估概念并验证其在特定情境中的可用性。另外，设计师还能使用该方法构思未来的使用场景，从而描绘出想象中未来的使用环境与新的交互方式。通过对未来使用情境的故事性描述，设计师可以将其设计和目标用户带入一个更生动具体的环境中。例如，你可以就一位母亲与你设计的运动健身产品（或其他产品）之间的各种交互可能性拟写一篇场景描述，内容包含这位母亲从起床到她离开家的整个过程。场景描述既可以描绘当下最真实的场景，也可以描绘未知的、想象中的情境。

（2）如何使用此方法

关键：需要根据场景描述的不同目的寻找不同的描述对象。在开始之前，需要对目标用户及其在特定的（想象的或现实的）使用情境中的交互行为有基本的了解。场景描述的内容可以先从情境调研中获取，然后运用简单的语言描述会发生的交互行为。可以咨询其他利益相关者，检查该场景描述是否能准确反映真实的生活场景或他们所认可的想象中的未来生活场景。在设计过程中，使用场景描述可以确保所有参与项目的人员理解并支持所定义的设计规范，并明确该设计必须要实现的交互方式。

（3）主要流程

① 确定场景描述的目的，明确场景描述的数量及篇幅（长度）。

② 选定特定人物角色（或目标用户），以及他们需要达成的主要目标。每个人物在场景描述中都扮演一个特定的角色，如果选定了多个人物角色，则需要为每个人物角色都设定相关的场景描述。

③ 构思场景描述的写作风格。例如，对使用步骤是采取平铺直叙，还是采取动态的戏剧化的描述方式。

④ 为每篇场景描述拟定一个有启发性的标题。巧妙利用角色之间的对话，使场景描述的内容更加栩栩如生。

⑤ 为场景描述设定一个起始点，例如触发该场景的起因或事件。

⑥ 开始写作。专注地创作一篇最具前景的场景描述。

场景描述毕竟只是设计师主观的故事，因此有一定的局限性。其他读者可能很难仅从文字中领会设计师的想法，场景描述不能包含所有可能发生的现实情况。因此使用此方法要注意以下几点。

① 书籍、漫画、影视和广告都是讲故事的手段，其表达技巧是创作场景描述的极好的参考资源。

② 创作场景描述的过程如同设计一款产品。这是一个重复迭代的过程，因此，在此过程中需要不断修改，时刻分析并整合相关信息，充分运用无限的创造力。

③ 在场景描述中添加一些场景的变化有时能起到锦上添花的作用，但切勿试图在故事中包含所有信息，否则，想表达的最重要的信息可能会含糊不清。

5.2 表现技能

5.2.1 形态分析

形态分析（图5-4）旨在运用系统的分析方法激发设计师创作出原理性解决方案。运用该方法的前提条件是将一个产品的整体功能解构成多个不同的子功能。

（1）何时使用此方法

设计师在概念设计阶段绘制概念草图的过程中，可以考虑使用形态分析。在使用该方法之前，需要对所需设计的产品进行一次功能分析，将整体功能拆解成为多个不同的子功能。

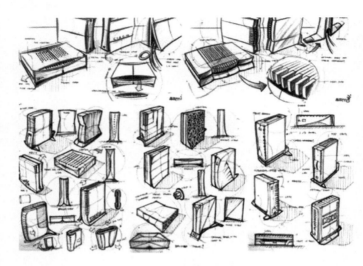

●图5-4　形态分析

许多子功能的解决方案显而易见，有一些则需要设计师去创造。将产品子功能设为纵坐标，将每个子功能对应的解决方法设为横坐标，绘制成一张矩阵图。这两个坐标轴也可以称为参数和元件。功能往往是抽象的，而解决方法却是具体的（此时不需定义形状和尺寸）。将该矩阵中的每个子功能对应的不同的解决方案强行组合，可以得出大量可能的原理性解决方案。

（2）如何使用此方法

运用形态分析法之前，首先要准确定义产品的主要功能，并对将要设计的产品进行一次功能分析。然后用功能和子功能的方式描述该产品。所谓的子功能，是指能够实现产品整体功能的各种产品特征。例如，一个茶壶包含以下几个不同的子功能：盛茶（容器）、装水（顶部有开口）、倒茶（鼻口）、操作茶壶（把手）。功能的表述通常包含一个动词和一个名词。在形态分析表格中，功能与子功能都是相对独立的，且都不考虑材料特征。分别从每个子功能的不同解决方法中选出一个进行组合得到一个"原理性解决方案"。将不同子功能的解决方案进行组合的过程就是创造解决方案的过程。

（3）主要流程

① 准确表达产品的主要功能。

② 明确最终解决方案必须具备的所有功能及子功能。

③ 将所有子功能按序排列，并以此为坐标轴绘制一张矩阵图。例如，如果需要设计一辆踏板卡丁车，那么它的子功能为：提供动力、停车、控制方向、支撑驾驶人身体。

④ 针对每个子功能参数在矩阵图中依次填入相对应的多种解决方案。这些方案可以通过

分析类似的现有产品或者创造新的实现原理得出。例如，踏板卡丁车停车可以通过以下多种方式实现：盘式制动、悬臂式刹车、轮胎刹车、脚踩轮胎、脚踩地、棍子插入地面、降落伞式或更多其他方式。运用评估策略筛选出有限数量的原理性解决方案。

⑤ 分别从每行挑选一个子功能解决方案组合成一个整体的原理性解决方案。

⑥ 根据设计要求谨慎分析得出所有原理性解决方案，并至少选择三个方案进一步发展。

⑦ 为每个原理性解决方案绘制若干设计草图。

⑧ 从所有设计草图中选取若干个有前景的创意进一步细化成设计提案。方法的局限性形态分析法并不适用于所有的设计问题。与工程设计相关的设计问题最适宜运用此法。当然设计师也可以发挥更多的想象力，将此方法应用于探索产品的外观形态。

5.2.2 设计手绘

设计手绘是一种非常实用并有说服力的设计工具，对产品设计的探索和交流都很有帮助。作为设计决策的重要组成，设计手绘常被用于设计的早期阶段，如头脑风暴、设计概念的研究与探索以及概念展示阶段等。

（1）何时使用此方法

在设计的初始阶段一般使用简单的手绘表现基本造型、结构、阴影以及投射阴影等（图5-5）。这种草图需要设计师掌握基本绘图技巧、透视法则、3D建模、阴影及投射阴影的原理等。由于上述技巧基本可以满足设计草图的表现力，因此不需要为所有草图进行上色。

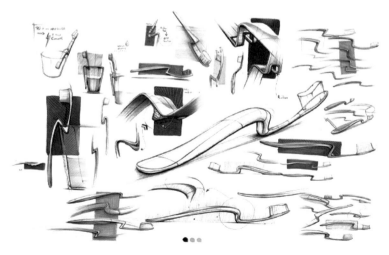

● 图5-5 设计草图

当设计师需要将不同的创意进行结合形成初步概念时，设计师需要考虑材料的运用、产品的形态、功能以及生产方式等。此时，材料的色彩表现（例如哑光塑料或高光塑料）变得更为重要，草图也需要创作得更为精细。

绘制侧视草图是一种快速简单地探索造型、色彩和具体细节的有效方式。

（2）如何使用此方法
设计草图在设计的不同阶段发挥着不同的作用。

在整个设计阶段，尤其是设计的整合阶段，探索性的产品手绘图能帮助设计师更直观地分析并评估设计概念。

① 帮助设计师分析并探索设计问题的范畴。
② 作为联想更多设计创意的起点。
③ 帮助设计师探索产品造型、意义、功能及美学特征。加入文字注解的设计手绘图有助于与他人交流设计概念，使他人更容易理解设计师的想法。

使用此方法要注意以下事项。

① 一定要在开始绘图前确定手绘目的，并在此基础上依据目的、时间、自己的能力与工具等各种因素选择绘图的技法。
② 产品手绘图只有在正确的情境中使用才有意义。只有有效地表现出设计师的想法，手绘图才算达到预期的目标。因此，设计的不同阶段可能需要不同的草图方式来表达。由于时间在设计项目中十分宝贵，快速完成的手绘图往往比3D渲染图在创意过程中效率更高。
③ 对于创意的产生与评估而言，设计手绘图比CAD渲染以及实物模型更灵活易用。因为渲染图看起来往往过于成熟、完整，不易更改。比如在跟客户讨论设计方向或者可能性时，手绘草图就更为适用。
④ 有一张纸或是数位板，再加几个绘图软件（如Photoshop，Corel Painter）便可以对头脑风暴中产生的创意做进一步完善的表达。
⑤ 手绘练习有助于提高设计师的图像理解力、想象力以及整体造型的表达能力。

但是此方法也存在着一些局限。

① 手绘技能需要持续不断地练习以积累经验，否则无法将设计概念完整地表现出来。
② 有时候3D模型比手绘图更能直观、有效地表现设计想法，且易对产品进行说明。

5.2.3 技术文档

技术文档是一种使用标准3D数字模型和工程图纸（图5-6）对设计方案进行精准记录的方法。3D数字模型数据还可以用于模拟并控制产品生产及零件组装的过程。在此基础上，还能运用渲染技术或动画的手法展示设计概念。

● 图5-6　工程图纸

（1）何时使用此方法

技术文档一般用于概念产生后选择材料并研究生产方式的阶段，即设计方案具体化阶段。除此之外，技术文档也为设计的初始阶段提供支持，帮助生成设计概念，并探索设计方案的生产过程、技术手段等因素的可能性。有些项目需要从基础零部件开始建立技术文档，例如，电池、内部骨架等（自下而上的设计）。这些模型的工程图打印文稿可以作为探索设计形态、明确设计的几何形态与空间限制等的基础。通过快速加工技术可以创造出有形的模型，如壳型模型或产品外壳等。另外，技术文档还可用于制作产品外部构造（自上而下的设计）。

（2）如何使用此方法

Solidworks这类设计软件可用于构建参数化的3D数字模型。这类模型建立在特征建模概念的基础上，即不同的部件是由不同的几何形态（如圆柱体、球体或其他有机形态等）结合或削减得出的。3D数字模型不仅可以是体量的，还可以是曲面（即运用零厚度曲面）建模成型的，后者在有机形态中的使用尤为广泛。一个产品（或组装部件）的3D数字模型可以由不同的零部件组合而成。不同部件之间的组合特征关系相互关联。如果有不错的空间想象能力，那么经过60～80小时的训练，便可以掌握基本建模技巧。标准的工程图在设计中的主要作用在于保证和规范生产质量并控制误差。因此，设计师应该对"制造语言"具备良好的读、写、说的能力。

（3）主要流程

① 在概念设计阶段创建一个初步的3D数字模型。在设计早期，可以运用动画的形式探索该3D数字模型机械结构的行为特征。

② 在设计方案具体化的过程中，在建模软件中赋予3D数字模型可持续的材料，并通过虚拟现实的方式观察、预测该部件在生产流程中的行为表现，例如，在注模和冷却过程中会出现怎样的情况。同时，也可以进行一些故障分析，如强度分析等。当然，还可以对产品的形态、色彩和肌理进行探索。

③ 在设计末期，重新建立一个具体详细的**3D数字模型**，并导出所需的工程图，以确保设计方案在加工制造过程中能最高程度地达到其属性与功能要求。

④ 在设计结束后，此**3D数字模型**可用于制造相关生产工具。最后，还可以利用该模型的渲染效果图（图5-7），如产品爆炸图、装配图或动画等辅助展示产品设计的材料（设计报告、产品手册、产品包装等）。

● 图5-7　3D效果图

5.2.4 角色扮演

角色扮演是一种对交互形式的模拟，能帮助设计师改进、决定产品设计与潜在用户之间的交互行为。图5-8所示为利用角色扮演的方法研究不同人的手机使用方式。

● 图5-8　研究不同人的手机使用方式

（1）何时使用此方法

角色扮演如同舞台剧演出：通过让潜在用户完成各项任务的表演，设计师可以进一步了解复杂的交互过程，从而从交互方式上改进各个创意。

在设计流程的整个过程中均可使用该方法，以帮助设计师从用户与产品互动的角度改进设计方案。也可以在设计的末期运用该方法进一步了解已开发产品的交互品质。若设计师自身不属于潜在用户群，那么通过角色扮演的方式，可以融入目标用户的使用情境，这对设计师的设计十分有帮助。例如，可以戴上一副半透明的眼镜，并将自己的关节用胶带绑住，以此感受视觉不佳者或行动不便者的生活场景。

（2）如何使用此方法

角色扮演的一个重要优势是全身所有部位都融入某一特定的情境中。相对于故事板或场景描述等其他方法，设计师在该方法中更能身临其境地体验潜在用户的生活场景。该方法不仅能帮助设计师探索有形的交互行为，还能帮助设计师感受优雅行为的表现方式及其吸引力。此外，通过角色扮演，设计师可以逐步体会产品与人交互的所有过程。角色扮演的过程通常用照片或视频的方式记录下来。该方法以初步设想的交互方式为基础，选出优秀的交互体验方案，并完成该交互过程的视觉和文字描述。这些都可用于交流和评估设计。

（3）主要流程

① 确定演员以及演出的目的，或明确交互行为的方式。

② 明确想要通过角色扮演来表现的内容，确定前后演出顺序。

③ 确保在扮演过程中做了详细的记录。

④ 将团队成员分成几种不同类型的角色。

⑤ 扮演交互过程，期间也可以即兴发挥。敢于表达自己的行为，在扮演中鼓励自言自语，"大声"思考。

⑥ 重复扮演过程，直至不同的交互顺序都已经扮演。

⑦ 分析记录数据：注意观察任务的先后顺序，以及影响交互的用户动机等相关因素。

5.2.5 样板模型

样板模型是一个表现产品创意的实体，它运用手工打造的模型展示产品方案。在设计流程中，样板模型（图5-9）通常用于从视觉和材料上共同表达产品创意和设计概念。

●图5-9　样板模型

（1）何时使用此方法

在设计实践过程中经常用到设计模型，它在产品研发过程中有着举足轻重的作用。设计的整个过程不只在设计师的脑海中进行，还应该在设计师的手中进行。在工业环境里，模型常用于测试产品各方面的特征、改变产品结构和细节，有时还用来帮助公司就某款产品的形态最终达成一致意见。在量产产品中，功能原型通常用于测试产品的功能和人机特征。如果在设定好生产线之后再进行改动，所花费的成本和耗费的时间会非常多。最终的设计原型可以辅助准备生产流程和制订生产计划。生产流程中的第一个阶段称为"空系列"，这些产品从一定程度上讲仍是用于测试生产流程的产品原型。

（2）如何使用此方法

样板模型在设计中的作用主要体现在以下三个方面。

① 激发并拓展创意和设计概念　在创意和概念的产生阶段经常会用到设计草模。这些草模可以用简单的材料制作，如白纸、硬纸板、泡沫、木头、胶带、胶水、铁丝和焊锡等。通过搭建草模，设计师可以快速看到早期的创意，并将其改进为更好的创意或更详细的设计概念。这中间通常有一个迭代的过程，即画草图、制作草模、草图改进、制作第二个版本的草模……

② 在设计团队中交流创意和设计概念　在设计过程中会制作一个1：1的创意虚拟样板模型（dummy mock-up）。该模型仅具备创意概念中产品的外在特征，而不具备具体的技术工作原理。通常情况下，在创意概念产生的末期，设计师会制作虚拟样板模型以便呈现和展示最终的设计概念。该模型通常也被称为VISO，即视觉模型。在之后的概念发展阶段，需要用到一个更精细的模型，用于展示概念的细节。该细节模型和视觉模型十分相似，都是1：1大小的模型且主要展示设计产品外在特征。当然，此细节模型中可以包含一些简单的产品功能。在设计流程中最终得出的三维模型是一个具备高质量视觉效果的外观模型。它通常由木头、金属或塑料加工而成，其表面分布了产品设计中的实际按钮等细节，表面也经过高质量的喷漆或特殊的处理工艺加工。这个最终模型最好也能具备主要的工作技术原理。

③ 测试并验证创意、设计概念和解决方案的原理　概念测试原型的主要用途在于测试产品的特定技术原理在实际中是否依然可行。这类模型通常情况下是简化过的模型，仅具备主要的工作原理和基本外形，省去了大量外观细节。这类模型通常也称为FUMO，即功能模型。产品的细节以及材料通常在早期的创意产生阶段已经决定。

（3）主要流程

① 在制作模型之前明确自己的目的。

② 在选材、计划和制作模型之前决定该模型的精细程度。

③ 运用身边触手可及的材料制作创意生成的早期所用到的设计草模，但功能原型和展示模型就需要花精力详细计划制作方案。

但需注意，制作模型往往需要耗费大量的时间和成本。当然，在设计概念研发的过程中所花费的这些资源，将在很大程度上降低之后的生产阶段错误发生的概率，若在生产中出现错误，其耗费的时间和成本则远不止于此。

5.2.6 视觉影像

视觉影像方法能帮助设计师将未来的产品体验与情境视觉化，展示设计概念的潜在用途及其为人类未来生活带来的影响。比如，可以将手机界面的使用效果用动画提前演示出来（图5-10）。

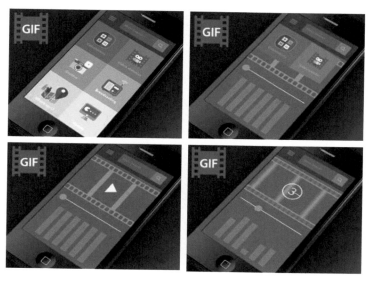

●图5-10　手机界面使用效果动画演示

（1）何时使用此方法

视觉影像方法通过将图片景象、人物以及感官体验等抽象元素混合制作成影片，充分展示产品在未来场景中的使用细节。将产品在特定场景中的使用情况进行展示不仅强调了产品设计的功能，同时体现了产品在特定环境中所产生的价值。影像不仅能描述产品设计的形态特点，例如，一件真实的产品，还能展示产品引发的无形的影响，例如，使用者的反应以及情绪。影像视觉为概念产品的设计、造型以及视觉展示方案提供了巨大的可能，尤其是在蒸蒸日上的服务设计（即处理人、产品和活动之间的交互关系的设计）领域更是应用广泛。

（2）如何使用此方法

在需要将未来产品设计与服务的完整体验进行展示的设计项目中，视觉影像方法最适用。然而，制作一段令人信服的短片需要设计师不断地练习，因为这不仅需要特殊的能力与技术，还需要运用各种媒体与设备。影片制作是一项重复迭代的过程，首先需要创建场景描述与故事板，然后进行电影脚本的拍摄，最后对影片进行剪辑与制作。这些制作程序将不断挑战设计师在未来使用情境内构架故事并展示产品概念的能力，该方法的设计价值也因此得以彰显。

（3）主要流程

视觉影像制作包含三个连续的步骤。

① 制作的前期准备，即准备影片所需素材。
a. 制作故事板和（或）分镜头表。
b. 对材料进行合理安排，如产品、相机、灯光等。
c. 安排演员。
d. 安排拍摄地点。
② 制片，即拍摄影片。
③ 后期制作，即对原片进行编辑并添加特效。

需要注意的是：

① 影像视觉很容易占用大量资源，并需要特殊软件、器材以及技术的支持；
② 制作者可能误入歧途，耗费大量的时间追求技术上的完美，从视觉上取悦客户。

然而，该方法最主要的价值应该是向用户传达与该设计有关的用户体验。

案例

ReadyMop，用新技术与设计把握市场先机

1999年的家庭清洁产业几乎在一夜间改变。简单地说，那一年一次性使用、清洗的干布拖被可以更换和清洗的清洁拖代替，新的洗涤方式令清洁工作变得更简便。液体清洁剂公司高乐氏（Clorox）在这次变化中错失良机，但在2001年，这家企业意识到市场出现了一些矛盾点，他们完全有能力去填补，所以请了设计公司Ziba帮助他们。

● 图5-11　ReadyMop

即使在2001年，如果洒在地板上的东西太脏，人们也无法用干拖把做清洁，宝洁公司推出的Swiffer这样的集成湿拖把又太过昂贵且难以操作。高乐氏虽然没有传统制造业的经验，却开发出一种能够将污垢与油脂溶解的清洁剂，这种清洁剂干得非常快，又不会伤害地板表面。如果能提供一种轻型又不昂贵的喷洒系统，品牌便能赢得全新的市场。意识到这个机会后，高乐氏给了Ziba公司6个星期的时间来使概念成真。

Ziba的多学科研究团队包括设计师、工程师及研究者，他们进行了深度的用户研究及情境开发，访问了30多个家庭以观察这些家庭使用拖把的微环境，定义

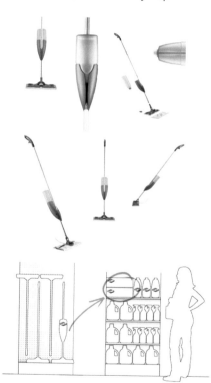

● 图5-12　ReadyMop细节设计

出 3 类明显的清洁类型：清洁危机、周打扫和年度大扫除。他们发现用拖把拖地存在一个主要障碍：笨重的脏水收集器，即我们常用的水桶。他们以此为中心发散概念，简化了拖地程序，为人们更自如地做清洁创造了一样新工具 ReadyMop（图 5-11）。

在店铺研究环节中，团队成员发现店员跑去堆积成山的工具间取扫帚、拖把甚至冬季铲——任何他们可以用来清洁泼洒在地上的液体与碎玻璃的工具。这个经验验证了早期发现的一个结论：拖把所在的位置常常是脏乱的，人们极少有时间去进行拖地前的冗长程序，比如提水。

工程挑战集中在设计完美的方式来开启和使用清洁液。喷雾机制看起来合乎逻辑，但一个快速原型证明用户在喷涂行为中已形成强烈关联，即使有 3 英尺（1 英尺 = 0.3048 米）杆，喷涂也意味着一个清洁步骤，但高乐氏想开创的是一个可以应付所有地面情况的工具。

如图 5-12 所示，ReadyMop 被设计成可折叠的产品以便能装进一个盒子，这种方式可以节省储存空间。人体工程学手柄模仿真空吸尘器，为用户提供熟悉的操作姿势和控制模式。ReadyMop 的 4 个部分组合连接快速而牢固，没再使用其他额外的工具或者连接器。重力流体允许 ReadyMop 无须使用发动机，也使它更轻、更便宜，也易于维护。清洁解决方案是购买定制的瓶子插入 ReadyMop，清洗和拆卸清洗垫也更容易，只需压实拖把头角落上的四个眼盘即可。

高乐氏的 ReadyMop 产品进入市场时售价为 25 美元，竞争产品如宝洁公司 Swiff 的零售价则超过 60 美元。它的电池也可自由拆卸，重量不足 1 磅（1 磅 = 0.4536 千克）。一个突出的优势是对于人口统计学意义上的主要清洁产品用户群——老年人和繁忙的家长来说，ReadyMop 开创了一个大而狂热的新市场，迫使竞争对手重新思考自己的产品来回应挑战。

在 ReadyMop 投放市场后的第一个季度，高乐氏公布的数据显示，其家庭产品部门的利润增长了 79%，销量增长 7%。ReadyMop 最终成为高乐氏历史上的产品销售冠军，它在第一年的销售额超过 2 亿美元，10 年内排名稳居前十大消费产品之列。

06
设计思维

6.1 设计思维的特征

生理学和心理学研究表明，人脑是一个非常复杂的系统，它的各部分机能是有着科学分工的。不同的大脑皮层区域控制着不同的功能：大脑左半球控制人的右半肢体，以及数学运算、逻辑推理、语言传达等抽象思维；大脑右半球控制人的左半肢体，以及音乐形象、视觉记忆、空间认知等形象思维。设计思维是一种以情感为动力，以抽象思维为指导，以形象思维为其外在形式，以产生审美意象为目的的具有一定创造性的高级思维模式。从某种意义上讲，整个思维过程是发散思维、收敛思维、逆向思维、联想思维、灵感思维及模糊思维等多种思维形式，综合协调、高效运转、辩证发展的过程，是视觉、感觉、心智、情感、动机、个性的和谐统一。

设计心理学认为，艺术是直接诉诸人的情感体验的，这种情感体验是以美感体验为核心的。在这一点上，设计具有很强的艺术特征，审美正是从体验开始，以产生美感为目的。受众对设计语意的理解是人对产品的本质、功能特征及其规律的把握。它既是认识、接受过程，又是想象、情感的能动创造过程，并且是认识、创造的结果。

设计是科学与艺术统一的产物。在思维的层次上，设计思维必然包含了科学思维与艺术思维这两种思维的特点，或者说是这两种思维方式整合的结果。一般地，在构思外观形态时，艺术的形象思维发生主要作用；而在理解内在结构、完善功能等设计时，更多依赖于科学的抽象思维的作用；有时在这两种思维方式不断交叉、反复中进行。

6.1.1 抽象思维是基础，形象思维是表现

人脑在生理结构中分左脑和右脑，左脑和右脑各自分管不同的功能区域，抽象思维与形象思维分别属于这两个不同的区域。科学的抽象思维（逻辑思维），是一种锁链式的、环环相扣的、递进式的思维方式。钱学森曾说过，科学思维是一步步推下去的，是线型的，或者有分叉，是枝杈型的。设计艺术思维则以形象思维为主要特征，包括灵感（直觉）思维在内。

灵感思维是非连续性的、跳跃性的、跨越性的非线性思维方式。抽象思维与形象思维是人类认识过程中的两种不同的思维方式。在整个设计思维的具体运行过程中，两种思维方式之间并没有明显的分界线。人脑的思维过程是一个复杂的立体空间，从设计选题、构思制作开始，逻辑思维与形象思维就是互相促进发展的关系。就如世界工艺美术大师威廉·莫里斯所说："设计方法的本质便是形象思维与逻辑思维的结合，是一种智力结构。"形象思维与逻辑思维都是在感性认识的基础上开始的，但发展的趋向却不一致。科学的抽象思维表现为对

事物间接的、概括的认识，它用抽象的或逻辑的方式进行概括，并用抽象材料（概念、理论、数字、公式等）进行思维；艺术的形象思维则主要用典型化、具象化的方式进行概括，用形象作为思维的基本工具。两者的根本区别在于：科学的抽象思维的思维材料是一些抽象的概念和理论，所谓"概念是思维的细胞"，概念和逻辑成为抽象思维的核心；而形象思维则以形象为思维的细胞，用形象来思维。

对于设计师而言，形象思维是最常用的一种思维方式。艺术设计需用形象思维的方式去建构、解构，从而寻找和建立表达的完整形式。事实上，不仅艺术家要运用形象思维，科学家、哲学家、工程师等也都需要运用形象思维解决问题；而艺术家也要运用逻辑思维的方式进行创作活动。诚如乔治·萨顿所说："理解科学需要艺术，而理解艺术也需要科学。"

感觉是一种最简单的心理现象，但它在受众的心理活动中却起着极其重要的作用。受众凭自己的耳、目、皮肤等各种感觉器官与信息相接触，感受到信息的某种属性，这便是感觉。人们只有通过感觉，才能分辨事物的各个属性，感知它的声音、颜色、软硬、重量、温度、气味、滋味等。

设计是科学思维的抽象性和艺术思维的形象性的有机整合。设计思维中的逻辑思维是根据信息资料进行分析、整理、评估、决策的过程，是保留在大脑皮层的对外界事物的印象。形象思维是大脑把表象重新进行组织安排，进行加工、整理，创造出新形象的过程，是设计思维的突破口，是在逻辑的基础上总结合理的感性思维方向，通过形象的艺术思维赋予产品以灵魂。

科学思维与艺术思维之间是一种和谐统一的关系。一方面，在设计过程中，没有明确的形象就没有设计，也就没有设计的具象表现；另一方面，设计的艺术形象不完全是幻想式的，也不完全是自由的。设计不像纯艺术那样，可以海阔天空，其思维的方式不是散漫无边的，它有一定的制约性，即不自由性。设计思维中的形象思维和逻辑思维两者互为沟通，互为反馈。

正确的设计方法是要懂得如何运用设计思维中的逻辑思维与形象思维去发现问题、思考问题、研究问题、解决问题。成功的设计作品有很多内在要素，诸如结构严谨、造型简洁、视觉中心突出，充分发挥了材料的特征，符合人机工程学，细节处理精致、洁净、安全、可靠等。这些要素是点，设计思维的过程是线，有机地把这些要素连接起来，便是一个成功的设计。

6.1.2 设计思维具有创造性特征

设计创意的核心是创造性思维，它贯穿于整个设计活动的始终。"创造"是突破已有事物的束缚，以独创、新颖的观念或形式，体现人类主动地改造客观世界，开拓新的价值体系和生活方式的有目的的活动。

科学思维与艺术思维都具有创造性特征，艺术家和科学家都需要有强烈的创造欲望，才能取得成功。创造性思维可以被认为是高于形象思维和逻辑思维的人类的高级思维活动，它是在逻辑思维、形象思维、发散思维、收敛思维、直觉思维等多种思维形式的综合运用、反复辩证发展的过程中形成的。

创造性思维不同于普通思维，它是思维的高级过程，是一种打破常规、开拓创新的思维形式。创造性思维的意义在于突破已有事物的束缚，以独创、新颖的观念形成设计构思。没有创造性思维就没有设计，整个设计活动过程就是以创造性思维形成设计构思并最终设计出产品的过程。

"选择""突破""重新建构"是创造性思维过程中的重要内容。因为在设计的创造性思维形成过程中，通过各种各样的综合思维形式产生的设想和方案是非常丰富的，依据已确立的设计目标对其进行有目的的恰当选择，是取得创造性设计方案所必需的行为过程。选择的目的在于突破和创新。突破是设计的创造性思维的核心和实质，广泛的思维形式奠定了突破的基础，大量可供选择的设计方案中必然存在着突破性的创新因素，合理组织这些因素构筑起新形式，是创造性思维得以完成的关键所在。因此，选择、突破、重新建构三者关系的统一，是设计的创造性思维的主要因素。

创新设计思维，不只从当前的现状和问题出发，考虑现有的挑战，更从用户的角度出发，探索他们潜在的需求，寻求潜在的挑战，打造出客户未知的、渴望的体验。创新设计思维，是将逻辑思维和直觉能力结合起来，利用一整套设计工具和方法论，进行创新的方案或者服务设计的思维模式，它具有以下九大特征。

（1）客户中心——同理心态

完全站在客户角度思考问题，即同理心态。完全将自己带入客户的身份、思想，将以企业为中心的4P模式（产品、价格、促销、渠道）转变成以客户为中心的4C模式（客户、成本、沟通、便捷）。

比如到医院看病，以病人的身份进行体验，发现病人需要什么，如何设计医院的流程使得病人看病时尽量少耗费精力在各科室间走动。

（2）目标导向——顶层设计

为了做到真正的创新设计思维，不是以纯粹逻辑思维解决问题，首先不希望考虑研究问题的现状和参与者的身份，要完全站在最终用户的角度设计一个美好的未来，也就是顶层设计。

比如超市连锁企业希望设计一个以客户为中心的流程时，首先不要考虑现在的超市流程是什么样，这样就避免了惯性思维模式；也不要考虑自己是超市的管理者，即不要总是站在自己的角度和现在的处境考虑问题。

首先设计一个美好的未来，然后再找到现在到未来有多大的差距，还存在哪些阻力、哪些瓶颈，接下来分析如何做或需要哪些条件才能解决，一步步回推，找到解决方案。

例如在探讨如何降低割草机噪声时，不是考虑添加润滑剂、增加减振系统等，而是想象未来如果不需要割草机，怎么才能出现这个局面呢，或许可以通过化学药品使得草长不高。这时候瓶颈出现了，如何研发出这样的化学药品成了第一重要的事情。

（3）天马行空——右脑思维

如果希望创意更有新意，就需要更离奇的、天马行空的解决方案，这时就需要充分发挥右脑的作用，利用右脑思维。

比如购物，天马行空的想法是客人买东西不需要到超市，而是借助"物联网""大数据分析""云"技术来实现家里的厨房和卫生间的传感器将数据直接传给超市，然后超市根据客户的需求进行补货，快递到家。

（4）广集想法——民主集中

广泛征集大家的建议和意见，集思广益，然后进行汇总，当别人提出想法时，不批评、不议论、不评价，然后再在别人想法的基础上获得更大胆的想法，最后达成更有效的创新方案。

这是创新思维的重点。我们特别强调利用右脑，进行发散思维，但是还需要主题聚焦，最后将大家的想法进行集中，获得有用的创意。

（5）万事皆可——心态开放

在整个创新设计思维的过程中，一定要具有开放的心态，认为万事皆有可能，如果按照常规认为不可能，创新很难实现。要变不可能为可能，要具有开放的思维，接受任何观点。

（6）变换角度——重新审视

重新审视讨论的主题，如果一条道路不容易走通时，就可以换一条道路。变换一个角度考虑问题，往往有意想不到的好创意。

比如当客户认为产品价格太高时，一般企业就开始打折，可是我们换一种模式增加客户的增值服务而不打折，这样就会更有竞争力。

（7）打破常规——逆向思维

在很多情况下，大家都认为不可能的时候，尝试打破常规往往能寻求到转机。大胆的想法往往来自打破常规。

比如餐厅提供就餐服务，客人根据餐饮消费付款。如果否定常规，餐厅不提供就餐服务，而是提供做饭的厨房，客人自己体验或者自助做饭，餐厅按时间收费，而且餐饮免费。这样打破常规，一鸣惊人。

（8）众商团队——集思广益

从智商（IQ）到众商（WeQ），在创新设计思维的过程中，需要集思广益，最好就像IDEO公司项目组一样，由不同行业的人员组成设计团队，创新团队中的人员应该包括心理学家、语言学家、艺术学家、物理学家、数学家、工程师、MBA等，这样可以整合成为"T"型人才的团队，各自给出完全不同的建议和想法，再进行民主集中，获得大家公认的最佳方案。

（9）原型设计——不断优化

创新设计思维的最大的特征之一，也就是"快速原型法"，先将事情做成，再将事情做好。从直觉出发，获得一个创意后，做出快速原型，在做的过程和用的过程中进行调整和优化。最怕的是设计出最完善的方案后，竞争对手早已占领了市场。

6.2　设计思维的类型

6.2.1　形象思维

在整个设计活动中，形象思维是一直贯穿始终的。我们平日对周围环境的感觉，都是源于以前生活经验的积累。形象思维是指用具体的、感性的形象进行思维。"形象"指客观事物本身所具有的本质与现象，是内容与形式的统一。形象有自然形象和艺术形象之分，自然形象指自然界中已经存在的物质形象，而艺术形象则是经过人的思维创作加工以后出现的新形象。形象思维是人类的基本思维形式之一，它客观地存在于人的整个思维活动过程之中。

形象思维是用表象来进行分析、综合、抽象和概括的。其特点是：以直观的知觉形象、记忆的表象为载体来进行思维加工、变换、组合或表达。形象思维在认识过程中始终伴随着形象而展开，具有联系逻辑思维和创造性思维的作用，是与动作思维和逻辑思维不同的一种相对独立的特殊思维形式。它包括：概括形象思维、图式形象思维、实验形象思维和动作形象思维。

一般认为，形象思维在文学艺术工作和创造活动中占主导地位，因为艺术品是具有感性形式的物质和精神产品，并不仅仅以感性为其特征。19世纪俄国文艺批评家别林斯基在《艺术的观念》一书中说："艺术是对真理的直感的观察，或者说是寓于形象的思维"。

形象思维是科学发现的基础。科学研究的三部曲——观察、思考、实验，没有一步是离开形象的。不管是科学家的理论思维还是科学实验，都是从形象思维开始的。他们首先必须对研究客体进行形象设置，并将各种设置的可能性加以比较和储存，然后在识别和选择中决定取舍。

形象思维的进程是按照本质化的方向发展获得形象，而艺术思维中形象思维的进程是既按照本质化的方向发展，又按照个性化的方向发展，二者交融形成新的形象，这里的形象思维具有共性和个性的双重性。艺术思维中形象思维的表象动力较为复杂，它不是简单地观察事物和再现事物，而是将所观察到的事物经过选择、思考、整理、重新组合安排，形成新的内容，即具有理性意念的新意象。

案例

树叶灯罩

　　万物皆有灵，即便是我们习以为常不怎么关心爱护的灯罩。SOULeaf（图6-1）是来自韩国的设计师制作的树叶灯罩。设计师分别选取了来自首尔德寿宫石墙、巴黎战神光场和纽约中央公园的三种树叶——银杏叶、悬铃木叶还有榆树叶作为灯罩的主体形象。这款灯罩采用环保纸张制作，上面印制了凹凸有致的夜光纹理和意外之喜的小昆虫，开灯之后，半透明效果非常美丽，透出的自然之光给人赏心悦目的感觉。

● 图6-1　树叶灯罩

6.2.2 逻辑思维

任何设计师在动手设计之前都会对设计的产品有个概念，这个概念有可能是这种产品的历史、相关信息、功用性能、市场需求等一系列的相关问题，这就需要抽象思维帮助设计师对所要设计的产品做一个分析、比较、抽象和全面的概括，作为设计时的参考。这些都需要设计师有十分卓越的逻辑思维能力。

逻辑思维是以概念、判断、推理等形式进行的思维，又称抽象思维、主观思维。其特点是把直观所得到的东西通过抽象概括形成概念、定理、原理等，使人的认识由感性上升到理性。逻辑思维是依据逻辑形式进行的思维活动，是人们在感性认识（感觉、知觉和表象）的基础上，运用概念、命题、推理、分析、综合等形式对客观世界做出反应的过程，因此，它是一种理性的思维过程。提起逻辑思维，人们往往认为只是和形象思维相关，实际上，逻辑思维的分析、推论对设计的创意能否获得成功起着关键性的作用。通过逻辑思维中常用的归纳和演绎、分析和综合等方法，艺术设计可以得到理性的指导，从而使创意具有独特的视角。

总之，逻辑思维在设计创新中对发现问题、直接创新、筛选设想、评价成果、推广应用等环节都有积极的作用。

案例

Supersuit 入耳式充气耳机

虽然头戴式耳机相对于入耳式耳机在阻隔外界噪声方面优势较为明显，但其笨重的外形却会让舒适度大为降低。作为一款入耳式耳机，Supersuit提供了一种两全其美的解决方案（图6-2）。Supersuit入耳式耳机提供了拥有三种不同扩充状态的可膨胀圈，用户可以根据自身的耳洞大小来调节膨胀圈的大小，这样不仅能有效阻隔外界的噪声，而且还能让耳机更稳固。

Supersuit在带来最佳的听觉体验的同时，也会让我们的耳朵不再有被拘束的感觉。

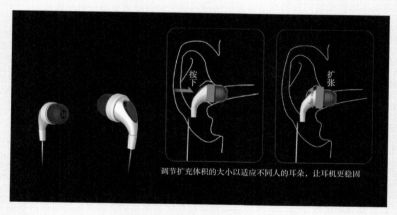

调节扩充体积的大小以适应不同人的耳朵，让耳机更稳固

● 图6-2　Supersuit入耳式充气耳机

6.2.3 发散思维

发散思维是一种跳跃式思维、非逻辑思维，是指人们在进行创造性活动或解决问题的思考过程中，围绕一个问题，从已有的信息出发，多角度、多层次去思考、探索，获得众多的解题设想、方案和办法的思维过程。

发散思维亦称求异思维或辐射思维、扩散思维、立体思维、横向思维或多向思维等，是创造性思维的一种主要形式。发散思维由美国心理学家吉尔福特提出，它不受现有知识或传统观念的局限，是从不同方向多角度、多层次思考的思维形式。发散思维在提出设想的阶段，有着重要作用。

发散思维过程是一个开放的不断发展的过程，它广泛动用信息库中的信息，产生众多的信息组合和重组。在发散思维过程中，不时会涌出一些念头、奇想、灵感、顿悟，而这些新的观念可能成为新的设计起点和契机，把思维引向新的方向、对象和内容。因此，发散思维是多向的、立体的和开放的思维。

求异思维是一种发散思维，它要求开阔思路，不依常规，寻求变异，从多方面思考问题，探求解决问题的多种可能性。其特点是：突破已知范围，进行多样性的思维；从多方面进行思考，将各方面的知识加以综合运用，并能够举一反三，触类旁通。

案例

关乎灵魂的灯

如果，一盏灯可以抚平伤痛，可以令人冥想，可以使人心情平静，它该是什么样子的？这是一款与水有关、关乎灵魂的灯（图6-3）。当使用者按下开关，打开这盏灯的时候，灯底座上安装的泵就会启动，内部本来存好的水就会通过一根细细的水管被抽到上方，然后从漏斗一样的玻璃装置中滴入灯中的那潭水中，如此循环。底部的LED灯照射着上部的水的波纹，一点一点扩散，映在墙壁上的就是水纹的样子。同时，使用者还可以听到水滴的声音，心情将瞬间被平复。

●图6-3　关乎灵魂的灯

6.2.4 联想思维

很多时候设计的创意都是来自人们的联想思维。联想思维是将要进行思维的对象和已掌握的知识相联系相类比，根据两个设计物之间的相关性，获得新的创造性构想的一种设计思维形式。联想越多、越丰富，获得创造性突破的可能性越大。联想思维有因果联想、相似联想、对比联想、推理联想等多种表现形式。如鸟能飞翔而人的两手臂却无法代替翅膀实现飞翔的愿望，因为鸟翅的拱弧翼上面的空气流速快，翼下面的空气流速慢，翅膀上下压差产生了升力，据此，设计师们产生联想，改进了机翼，并加大运动速度，从而设计出了飞机。

设计中由联想产生的创意，在很多时候是师法自然的结果。自然界中的事物成为如今的样子，是因为在长期的生存进化过程中，自然赋予了它与其相适应的形。悉尼歌剧院（图6-4）"形若洁白蚌壳，宛如出海风帆"，设计它的灵感来自切开的橘子瓣。这座世界公认的艺术杰作，用它独特的外形引领着我们的想象驰骋飞翔。

● 图6-4　悉尼歌剧院

案例

嗅觉手表

这款基于生物钟的手表（图6-5）通过散发独特的气味来"潜意识"地告诉使

在异中求同，从共性和个性的相互统一中把握我们的对象。两者的结合，能够使寻求创造的思维活动在不同的方法中相得益彰、相互增辉。

案例
可随意折叠的**智能手机**

智能手机屏幕越来越大，虽然看着很爽，但有时候真是难以装入衣兜。"DRAS Foldable Phone"手机（图6-6）拥有可折叠的屏幕，可根据需要使其缩小长度，增大厚度。而且，即使折叠之后，屏幕上仍可显示时间、电量、信号等基本信息，使用极为方便。

● 图6-6　可随意折叠的智能手机

6.2.6 灵感思维

灵感思维是人们借助于直觉，得到突如其来的领悟或理解的思维形式。它以逻辑思维为基础，以思维系统的开放、不断接受和转化信息为条件。大脑在长期、自觉的逻辑思维积累下，逐渐将逻辑思维的成果转化为潜意识的不自觉的形象思维，并与脑内储存的信息在不知不觉的相互作用、相互联系之中产生灵感。

灵感思维就像它的名称一样的抽象、令人难以捉摸。"灵感"一词起源于古希腊，原指神赐的灵气。"灵"是精神、神灵的意思；"感"是客体对主体的刺激，或者是主体对客体的感受。灵感是心灵在接受外界刺激之后，通过各种思维方式所产生的某种思维神灵。灵感，自古就引起了人们的注意。古人认为，灵感就是在人与神的交往中，神依附在人身上，并赐给人以神灵之气。随着科学的发展，人们逐渐从生理学、心理学意义上搞清楚了灵感这个长期困扰我们的问题。如今，人们认为灵感就是人们在文学、艺术、科学、技术等活动中，产生的富有创造性的思路或创造性成果，是形象思维扩展到潜意识的产物。它要求人们对某种事态具有持续性的高度注意力，高度注意力来自对研究对象的高度热忱的积极态度。思维的灵感常驻于潜意识之中，待酝酿成熟，涌现为显意识。

某一研究的成果或思路的出现，有一个较长的孕育过程。灵感是显意识和潜意识相互作用的产物，而显意识和潜意识是人脑对客观世界反映的不同层次。显意识是由人体直接地接受各部位的信息并驱使肢体"有所表现"的意识。灵感是人类创造活动中一种复杂的现象，它来源于知识和经验的积累，启动于意外客观信息的激发，得益于智慧的闪光。灵感的表现是突发的、跳跃式的，就是那种"众里寻他千百度，蓦然回首，那人却在灯火阑珊处""用笔不灵看燕舞，行文无序赏花开"的情境。灵感是显意识和潜意识通融交互的结晶，灵感思维具有跃迁性、超然性、突发性、随机性、模糊性和独创性等特点。灵感是思维中奇特的突变和跃迁，是思维过程中最难得、最宝贵的一种思维形式。因而灵感思维也叫顿悟思维，指人在思维活动中，未经渐进的、精细的逻辑推理，在思考问题的过程中思路突然打通，问题迎刃而解的过程，是人的思维最活跃、情绪最激奋的一种状态。

在现代设计领域，灵感思维往往被认为是人们思维定向、艺术修养、思维水平、气质性格以及生活阅历等各种综合因素的产物，是一种高级的思维方式，是人类设计活动中的一种复杂的思维现象，是发明的开端、发现的向导、创造的契机。

●图6-7　宛若羽毛的玻璃艺术

案例

宛若羽毛的**玻璃艺术**

苏格兰艺术家Graham Muir精于玻璃工艺，图6-7所示的这一系列手工制作的玻璃艺术作品犹如天使的羽毛，轻盈透亮而又带有丝丝的色彩，非常漂亮。

6.2.7 直觉思维

直觉思维是思维主体在向未知领域探索的过程中，依靠直觉观察和领悟事物的本质和规律的非逻辑思维方法。我们可以从两方面理解直觉：一方面，直觉是"智慧视力"，是"思维的洞察力"；另一方面，直觉是"思维的感觉"，人们通过它能直接领悟到思维对象的本质和规律。

直觉思维与逻辑思维的不同点在于：逻辑思维具有自觉性、过程性、必然性、间接性和有序性；而直觉思维则具有自发性、瞬时性、随机性和自主性。直觉思维可以创造性地发现新问题，提出新概念、新思想、新理论，是创造性思维的主要形式。

随着对产品形象要求的提高，人们对产品的直觉思维开始趋于全方位的要求。除了视觉以外，触觉、听觉甚至嗅觉方面的感受也得到了越来越多的重视。人们对材料的质地、肌理、色彩，产品中的声音效果和噪声隔绝，以及产品对环境的影响等方面有了更高的要求。

因此，直觉思维在对人们视觉、触觉、听觉、嗅觉的形成感知方面起到更加重要的作用。

案例

可自己调制的**"香味书"**

自己的香味，自己做主。这套"香味书"（图6-8）有着书的外表，打开之后，就能看到7个基础香料小盒、1根调制木棒、2个香味信笺和1套使用说明。用户可根据自己的喜好，参考使用手册，在附送的香味信笺上随意组合。调制完毕之后，或自用，或送人，香味独一无二。

● 图6-8　可自己调制的"香味书"

6.3　设计创意方法

6.3.1　头脑风暴

头脑风暴是一种激发参与者产生大量创意的特别方法。在头脑风暴过程中参与者必须遵守活动规则与程序。它是众多创造性思考方法中的一种，该方法的假设前提为：数量成就质量。

（1）何时使用此方法

头脑风暴可用于设计过程中的每个阶段，在确立了设计问题和设计要求之后的概念创意阶段最为适用。头脑风暴执行过程中有一个至关重要的原则，即不要过早否定任何创意。因此，在进行头脑风暴时，参与者可以暂时忽略设计要求的限制。当然，也可针对某一个特定的设计要求进行一次头脑风暴，例如，可以针对"如何使我们的产品更节能"进行一次头脑风暴。

（2）如何使用此方法

一次头脑风暴一般由一组成员参与，参与人数以4～15人为宜。在头脑风暴过程中，必须严格遵循以下四个原则。

① 延迟评判　在进行头脑风暴时，每个成员都尽量不考虑实用性、重要性、可行性等诸如此类的因素，尽量不要对不同的想法提出异议或批评。该原则可以确保最后能产出大量不可预计的新创意；同时，也能确保每位参与者不会觉得自己受到侵犯或者觉得他们的建议受到了过度束缚。

② 鼓励"随心所欲"　可以提出任何能想到的想法——"内容越广越好"。必须营造一个让参与者感到舒心与安全的氛围。

③ "1+1=3"　鼓励参与者对他人提出的想法进行补充与改进。尽力以其他参与者的想法为基础，提出更好的想法。

④ 追求数量　头脑风暴的基本前提假设就是"数量成就质量"。在头脑风暴中，由于参与者以极快的节奏抛出大量的想法，参与者很少有机会挑剔他人的想法。

（3）主要流程

① 定义问题　拟写一份问题说明，例如，所有问句以"如何"开头。挑选参与人员，并为整个活动过程制作计划流程，其中必须包含时间轴和需要用到的方法。提前召集参与人员进行一次会议，解释方法和规则。如果有必要，可能需要重新定义问题，并提前为参与者举行热身活动。在头脑风暴正式开始时，先在白板上写下问题说明以及上述四项原则。主持人提出一个启发性的问题，并将参与者的反馈写在白板上。

② 从问题出发，发散思维　一旦生成了许多创意，就需要所有参与者一同选出最具前景或最有意思的想法并进行归类。一般来说，这个选择过程需要借助一些"设计标准"。

③ 将所有创意列在一个清单中，对得出的创意进行评估并归类。

④ 聚合思维　选择最令人满意的创意或创意组合，带入下一个设计环节，此时可以运用C-Box方法。

以上这些步骤可以通过以下三个不同的媒介来完成。

① 说：头脑风暴。
② 写：书面头脑风暴。
③ 画：绘图头脑风暴。

使用此方法，需注意以下两点。

① 头脑风暴最适宜解决那些相对简单且"开放"的设计问题。对于一些复杂的问题，可以针对每个细分问题进行头脑风暴，但这样做无法完整地看待问题。

② 头脑风暴不适宜解决那些对专业性知识要求极强的问题。

案例

IDEO 设计公司

著名的IDEO设计公司是采用头脑风暴法进行创造设计的典范。从1991年IDEO在美国加利福尼亚州的小城帕罗阿托诞生的那天起，它已经为苹果、三星、宝马、微软、宝洁乃至时尚之王Prada等公司，设计了很多传奇性产品。

IDEO主要的设计方式在于将一个产品构想实体化，并使此产品符合实用性与人类需求，其采用以消费者为中心的设计方式，这种理念最强调的是创新。在IDEO，除了工业设计师和机构工程师，还有多位精通社会学、人类学、心理学、建筑学、语言学的专家。IDEO经理提姆·布朗解释："如果能够从不同角度来看事情，可以得到更棒的创意。"

IDEO坚持著名的关于渴求度（desirability）、可行度（feasibility）和价值度（viability）的产品理论（图6-9），他们的所有产品都是三种视角激烈角逐的最终结果。IDEO专注在新产品的渴求度上，这意味着他们思考的是如何制造出性感的、有着明确价值主张的产品，并从这一点出发来思考技术目标和商业目标。他们那些财富500强客户中的大多数并不是以这种方式工作的，当然，这也是这些企业要雇用IDEO的原因。

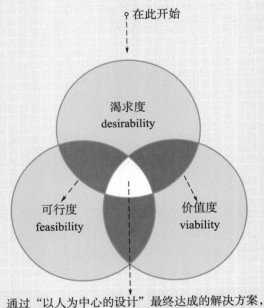

通过"以人为中心的设计"最终达成的解决方案，
应该在这三个圆圈的交叠处：这个解决方案必须
是被渴求的、可行的和有价值的。

●图6-9　IDEO关于渴求度、可行度和价值度的产品理论

开始一项设计前，往往会由认知心理学家、人类学家和社会学家等专家主导，与企业客户合作，共同了解消费者体验。其技巧包括追踪使用者、用相机写日志、说出自己的故事等，之后分析观察顾客所得到的数据，并搜集灵感和创意。

IDEO不仅善于观察发现问题，更善于以头脑风暴解决问题。IDEO拥有专门的"动脑会议室"，这里是IDEO内最大、最舒适的空间。会议桌旁还有公司提供的免费食物、饮料和玩具，让开会开累的人用来放松心情，从而激发更多创意。每当一场头脑风暴会议开始时，三面白板墙在几个小时内，就会被大家一边讨论一边画下来的设计草图贴满。当所有人把画出来的草图放在白板上后，大家就用便利贴当选票，得到最多便利贴的创意就能胜出。而这些被选出来的创意，马上就会从纸上的草图化为实体模型。"头脑风暴"已经成为IDEO设计公司创意流程中最重要的环节之一。

IDEO为日本Shimano公司设计的自行车（图6-10），最关键的要素就是保证消费者有良好的乘骑体验。

IDEO和Steelcase合作设计的课桌椅Node（图6-11），对传统的办公椅做了改进，增加了一个小桌子，用来放书本或笔记本电脑，下面还增加了放杂物的空间，用来放书包。

● 图6-10　IDEO为日本Shimano公司设计的自行车

●图6-11　课桌椅Node

6.3.2 WWWWWH

WWWWWH，即 Who（谁）、What（什么）、Where（何地）、When（何时）、Why（为何）、How（如何），是分析设计问题时需要被提及的最重要的几个问题。通过回答这些问题，设计师可以清晰地了解问题、利益相关者以及其他相关因素和价值。

（1）何时使用此方法

设计师在设计项目的早期往往会拿到一份设计大纲，这时需要先对设计问题进行分析。WWWWWH法可以帮助设计师在拿到设计任务后对设计问题进行定义，并做出充分且有条理的阐述。WWWWWH法也适用于设计流程中的其他阶段，例如，用户调研、方案展示和书面报告的准备阶段等。

（2）如何使用此方法

问题分析有一个非常重要的过程：拆解问题。首先，定义初始的设计问题并拟定一份设计大纲。通过回答大量有关"利益相关者"和"现实因素"等相关的问题，将主要设计问题进行拆解。随后，重新审视设计问题，并将拆解后的问题按重要性进行排序。通过这种方法，设计师将对设计问题及其产生的情境有更清晰的认识，且对利益相关者、现实因素和问题的价值有更深入的了解。同时，对隐藏在初始问题之后的其他相关问题也有更深刻的洞察。

（3）主要流程

① 拟写初始的设计问题或设计任务大纲。

② 问下列WWWWWH问题，进一步分析初步设计问题，也可自由地增加更多问题。

Who：谁提出的问题？谁有兴趣为该问题提出解决方案？谁是该问题的利益相关者？

What：主要问题是什么？为解决该问题，哪些事项已经完成了？

Where：问题发生在什么地方？解决方案可能会应用在什么场合？

When：问题是什么时候发生的？何时需要解决该问题？

Why：为什么会出现这样的问题？为什么目前得不到解决？

How：问题是如何产生的？利益相关者们是怎样尝试解决该问题的？

③ 回顾所有问题的答案，看看是否还有不详尽的地方。

④ 按照优先顺序排列所有信息：哪些是最重要的？哪些不怎么重要？为什么？

⑤ 重新拟写初始的设计问题，详见问题界定（5.1.1节）。

WWWWWH法是多种系统分析问题的方法之一。还有另一种方法是将初始的设计问题变成实现方法与设计目的之间的关系，即问一问该项目的设计目的是什么，可以通过哪些手段实现这些目的。

案例
眼盲或视力受损儿童的最佳游戏装置——Smash-a-ball

对于眼盲或视力受损的儿童来说，如何训练好他们的认知能力和记忆能力就成了非常重要的事情。最近来自墨西哥的两位知名教育心理学家 Nadia Guevara 和 Pedro Bori 发明了一种名叫 Smash-a-ball 的机器（图6-12），可以用来帮助视力缺陷的孩子发展认知水平，开发记忆和空间意识。Smash-a-ball 的界面设计如图6-13所示。

● 图6-12　Smash-a-ball

107

这款Smash-a-ball游戏装置有些像我们熟悉的打地鼠游戏，同时还包括了一个可穿戴背包，用来给孩子提供触觉反馈。Smash-a-ball要求用户玩时必须依赖从盒子里发出的音频信号，然后孩子们必须复制匹配的按钮进行相应的操作。

　　这两位教育家认为，Smash-a-ball可以给孩子提供一个与朋友和家人互动的平台，还可以帮助视障孩子改善他们的记忆力和反应速度。Pedro Bori表示，"当孩子穿着背包的时候，他会感觉到触觉的刺激，他们必须模仿，然后在主板上尽可能快速和精确地操作。毫无疑问，这将提高他们的认知发展，无论是身体还是空间意识等关键技能都会得到改善，也同时增加了反应速度，建立了一个更坚实的自尊基础。"

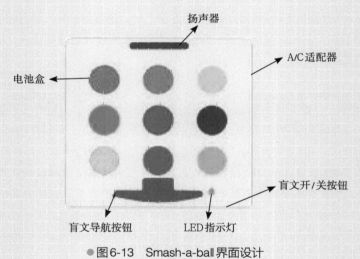

●图6-13　Smash-a-ball界面设计

6.3.3 类比和隐喻

　　由灵感源（启发性材料）通往目标领域（即待解决的问题）的过程中，设计师可以运用类比和隐喻得到诸多启发，衍生出新的解决方案。

　　（1）何时使用此方法

　　在创意的生成阶段，类比和隐喻法的作用尤其突出。通过另一个领域来看待现有问题能激发设计师的灵感，找到探索性的问题解决方案。类比法通常用于设计中的概念生成阶段，该方法通常以一个明确定义的设计问题为起点。隐喻法则常用于早期的问题表达和分析阶段。使用类比方法时，灵感源与现有问题的相关性可近可远。比如，与一个办公室空调系统相关性较近的类比产品可以是汽车、宾馆或飞机空调系统；而与其相关性较远的类比产品则可能是具备自我冷却功能的白蚁堆。隐喻方法有助于向用户交流特定的信息，该方法并不能直接解决实际问题，但能形象地表达产品的意义。例如，可以赋予某个概念个性化的特征（如新奇的、女性的或值得信赖的等），从而激发用户特定的情感。使用隐喻方法时，应该选择与目标领域相关性较远的灵感源。

（2）如何使用此方法

首先，搜集相关的灵感源。要想得出更具创意的想法，应该从与目标领域相关性较远的领域进行搜寻。找到启发性材料后，问一问自己为什么要将此灵感源联系到设计中。其次，思考应该如何将其运用到新设计方案中，并决定是否需要运用类比或隐喻。使用类比法时，切勿仅将灵感源的物理特征简单地照搬到所面对的问题中，而应该先了解灵感源与目标领域的相关性，并将所需特征抽象化后应用到潜在的解决方案中。设计师对观察结果抽象化的能力决定了可能获得启发的程度。

（3）主要流程

① 表达。

类比：清晰表达所需解决的设计问题。

隐喻：明确表达想通过新的设计方案为用户带来的用户体验的性质。

② 搜寻。

类比：搜寻该问题被成功解决的各种情况。

隐喻：搜寻一个与产品明显不同的实体，该实体需具备你想要传达的品质特点。

③ 应用。

类比：提取已有元件之间的关系，理顺处理灵感领域的过程。抓住这些联系的精髓，并将所观察到的内容抽象化。最后将抽象出的关系变形或转化，以适用于需要解决的设计问题。

隐喻：提取灵感领域中的物理属性，并抽象出这些属性的本质。将其转化运用，匹配到手头的产品或服务上。

需注意，在使用类比方法时，设计师可能会花费大量时间确定合适的灵感源，且这个过程并不能保证一定能找到有用的信息。如果这些启发性材料不能帮设计师找到解决问题的方案，那么设计师可能会陷入困境。因此，要相当熟悉启发性材料的相关知识。

6.3.4 奔驰法

奔驰法是一种辅助创新思维的方法，主要通过以下7种思维启发方式在实际中辅助创新：替代、结合、调适、修改、其他用途、消除和反向。

（1）何时使用此方法

奔驰法适用于创意构思的后期，尤其是在产生初始概念后陷入"黔驴技穷"的困境时。此时，可以暂时忽略概念的可行性和相关性，借助奔驰法创造出一些不可预期的创意。在头脑风暴的过程中也常常用到此方法，参与者可以在这些创意的基础上通过奔驰法进一步拓展思路。独立设计师也可在个人项目中独自运用此方法。

（2）如何使用此方法

一般情况下，设计师可以运用上述7种启发方式针对现有的每一个想法或概念提问思考。通过该方法产生更多的灵感或概念之后，对所有的创意进行分类，并选出最具前景的创意进一步细化（这一点与头脑风暴相似）。

（3）主要流程

① 替代　创意或概念中哪些内容可以被替代以便改进产品？哪些材料或资源可以被替换或相互置换？运用哪些其他产品或流程可以达到相同的结果？

② 结合　哪些元素需要结合在一起以便进一步改善该创意或概念？试想一下，如果将该产品与其他产品结合，会得到怎样的新产物？如果将不同的设计目的或目标结合在一起会产生怎样的新思路？

③ 调适　创意或概念中的哪些元素可以进行调整改良？如何能将此产品进行调整以满足另一个目的或应用？还有什么和此产品类似的东西可以进行调整？

④ 修改　如何修改创意或概念以便进一步改进？如何修改现阶段概念的形状、外观或给用户的感受等？试想一下，如果将该产品的尺寸放大或缩小会有怎样的效果？

⑤ 其他用途　该创意或概念能怎样运用到其他用途中？是否能将该创意或概念用到其他场合，或其他行业？在另一个不同的情境中，该产品的行为方式会如何？是否能将该产品的废料回收利用，创造一些新的东西？

⑥ 消除　已有创意或概念中的哪些方面可以去除？如何能简化现有的创意或概念？哪些特征、部件或规范可以省略？

⑦ 反向　试想一下，与创意或概念完全相反的情况是怎样的？如果将产品的使用顺序颠倒过来，或改变其中的顺序会得出怎样的结果？试想一下，如果做了一个与现阶段创意或概念完全相反的设计，则结果会是怎样的？

奔驰法的介绍中虽说只要运用7种思维启发方式就一定能得到创新的结果，但得出创新的质量很大程度上取决于设计师如何应用这些启发方式。因此，该方法对未受过专业训练的设计师而言效果并不理想。

6.3.5 SWOT 分析

SWOT分析法能帮助设计师系统地分析企业运营业务在市场中的战略位置并依此制定战略性的营销计划。营销计划为公司新产品的研发决定方向。

（1）何时使用此方法

SWOT分析通常在创新流程的早期执行。分析所得结果可以用于生成（综合推理）"搜寻领域"。该方法的初衷在于帮助企业在商业环境中找到自身定位，并在此基础上做出决策。SWOT是strengths（优势）、weaknesses（劣势）、opportunities（机会）和threats（威胁）四个单词的首字母缩写。前两者代表公司内部因素，后两者代表公司外部因素。这些因素皆与企业所处的商业环境息息相关。外部分析（OT）的目的在于了解企业及其竞争者在市场中的相对位置，从而帮公司进一步理解公司的内部分析（SW）。SWOT分析所得结果为一组信息表格，用于生成产品创新流程中所需的搜寻领域。

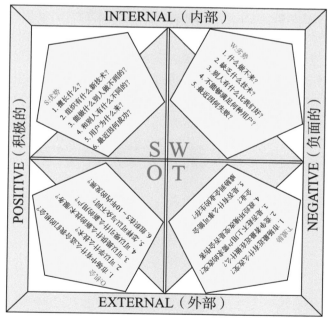

●图6-14　SWOT分析法

（2）如何使用此方法

从SWOT的表格结构上不难看出，此方法具有简单快捷的特点。然而，SWOT分析的质量

取决于设计师对诸多不同因素是否有深刻的理解，因此十分有必要与一个具有多学科交叉背景的团队合作。在执行外部分析时，可以依据诸如DEPEST[D=人口统计学（demographic），E=生态学（ecology），P=政治学（political），E=经济学（economics），S=社会学（social），T=科技（technological）]之类的分析清单提出相关问题。外部分析所得结果能帮助设计师全面了解当前市场、用户、竞争对手、竞争产品或服务，分析公司在市场中的机会以及潜在的威胁。在进行内部分析时，需要了解公司在当前商业背景下的优势与劣势，以及相对竞争对手而言存在的优势与不足。内部分析的结果可以全面反映出公司的优点与弱点，并且能找到符合公司核心竞争力的创新类型，从而提高企业在市场中取得成功的概率。

（3）主要流程

① 确定商业竞争环境的范围。问一问自己：我们的企业属于什么行业？

② 进行外部分析。可以通过回答例如以下问题进行分析：当前市场环境中最重要的趋势是什么？人们的需求是什么？人们对当前产品有什么不满？什么是当下最流行的社会文化和经济趋势？竞争对手们都在做什么，计划做什么？结合供应商、经销商以及学术机构分析整个产业链的发展有什么趋势？可以运用DEPEST等分析清单来做一个全面的分析。

③ 列出公司的优势和劣势清单，并对照竞争对手逐条评估。将精力主要集中在公司自身的竞争优势及核心竞争力上，不要太过于关注自身劣势。因为要寻找的是市场机会而不是市场阻力。当设计目标确定后，也许会发现公司的劣势可能会形成制约该项目的瓶颈，此时则需要投入大量精力来解决这方面的问题。

④ 将SWOT分析所得结果条理清晰地总结在SWOT表格中，并与团队成员以及其他利益相关者交流分析成果。

07

设计管理

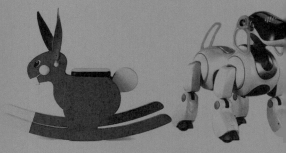

设计与管理，这是现代经济生活中使用频率很高的两个词，都是企业经营战略的重要组成部分。设计指的是把一种计划、规划、设想、问题解决的方法，通过视觉的方式传达出来的活动过程。

它的核心内容包括三个方面：

① 计划和构思的形成；

② 视觉传达方式；

③ 计划通过传达之后的具体应用。

而管理，则是由计划、组织、指挥、协调及控制等职能等要素组成的活动过程，其基本职能包括决策、领导、调控几个方面。

设计管理是一个根据使用者的需求，有计划有组织地进行研究与开发管理活动。有效地积极调动设计师的开发创造性思维，把市场与消费者的认识转换在新产品中，以新的更合理、更科学的方式影响和改变人们的生活，并为企业获得最大限度的利润而进行的一系列设计策略与设计活动的管理。

7.1 设计管理的重要性

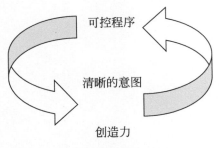

● 图7-1 清晰意图的核心

设计项目管理不只是产品目标、定量物流、产品实现和/或生产阶段的"项目管理"。基于本书的目的，设计项目管理被定义为整体的和前置的计划，是对与进行的项目相关的所有多学科思想和程序的调和与管理——从确保"商业需求"的精确定义，经过所有设计发展和生产阶段，直到客户的最终使用。这包括维护问题的考虑和未来项目或商业需求的反馈。它把清晰的意图作为确保可控程序和乐观的创造性机遇所需的关键元素（图7-1）。

在生产阶段，虽然传统的项目管理可能想采纳在机构和设计规划的早期阶段由别人做出的设计决定，但设计管理则是通过确保质量兼备的设计关系与战略机构目标相一致来驱动整个程序的。这涉及重复的提问和所有阶段的再评估，包括整个项目周期中的所有团队成员。

它包括对战略、市场营销和具有设计项目参数适当水平的可运作商业参数的平衡及同步考虑。

成功的设计项目管理创造了一个呈现于项目中的切实的"第三方"——所有设计团队参与者可以感知的"脉动"。这一"项目脉动"的创造是建立"单一视角",告知团队成员清晰的目标的关键点。项目发展和成长直到完成的要求对所有参与人来说都是清楚的,那么就只有一个共识和路线图:"是什么""在哪里"和"怎样做"。

在领导力和商业管理的理论中,这一过程称为想象。成功的设计项目管理为商业和设计的结合提供了达到目标所需的有力保障。

7.2　什么是成功的设计项目

成功的设计项目是指什么?成功能被测量吗?在进入本书其他更为详细的内容之前,我们必须思考和定义成功是什么,它怎样可以被测量,以及它应该根据谁的观点来判断。

对成功最好的判断是项目的客户,特别是客户的经济"支持者",无论是顾客和股东/托管人还是其他经济支持者。不管客户在利益或非利益部分中是否有作用,都是一样的。客户通常是需求的缔造者,虽然不总如此,但资金的提供者往往要求启动和推进项目,然后通过或针对已完成的设计进行运作。

如果说项目可以通过额外的销售或得到特别的青睐等方式使客户的商品得到升值,那么项目就可以认定为成功。然而,这并不是说,成功只能在商业基础上被判定,或由增加的利益或市场份额所决定。它也可以通过文化的或其他社会利益来判定。例如,在博物馆或艺术陈列馆设计中,针对新的观众,无论他们是年轻/年老的或是具有生理/心理残疾的,都可以提供更多的触及身体和思维的文化遗产项目。如果项目被设计师们认定为成功,但却没有使机构所对应的工作方面得到增值,那么就有观点认为该项目不能算成功。在这种情形下,表面的审美性或项目的其他狭义方面得到评估。

因此,增值到商业实体中的方式,只能由客户决定,也必须在计划中定义或表述清楚。这说明了客户角色从设计过程一开始所起的重要作用。增加客户利益是关键,因为这反过来会通过增加客户销售/使用/青睐等产生商业利益或"增值"。设计目标的层次在图7-2中得到阐明。

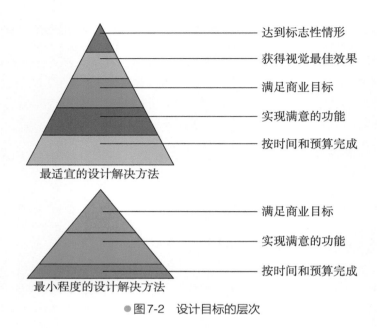

图7-2　设计目标的层次

7.3　项目执行的影响因素

　　传统意义上的项目管理主要围绕三个因素：成本、时间和工作范围。这三个因素之间的关系通常被形容为一个三角形［图7-3（a）］，而有些人会把"质量"作为影响以上三个因素的统一主题，并把它放在这个三角形的中央位置［图7-3（b）］。不过，由于商业项目必须准时交付，而且其成本和工作范围不能超过预定计划，同时还要满足客户与设计师的质量预期，因此有人把这种限制关系描绘成钻石的形状，其中"质量"是四个顶点中的一点［图7-3（c）］。无论你采用何种关系模式，成本、时间、工作范围和质量都是项目管理中影响所有工作的主要因素。

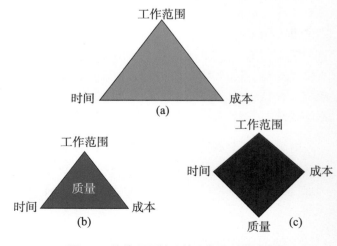

图7-3　传统项目管理的三角及三角变体图

116

如果将这个概念再推进一步，设计项目管理的限制因素可以被简绘成一个包含时间、成本和工作范围几个细分内容的更加复杂的三角形图表。

时间管理是至关重要的。良好的时间管理意味着每个环节都在时间表规定的期限内完成，并且在每个阶段完成之后通过报告的形式汇报工作的进展。

成本管理包括已经与客户达成共识的为设计服务所做的成本整体预算，也包括打印等设计服务之外的费用预算。另外，设计师必须适当地掌控自己的资源，确保将适合的人员、设备和材料投入设计方案中去。

工作范围从概念上来看有些复杂，但是在这个方面，设计师应该注意两个问题：一是产品范围，或者说设计师所交付的设计服务的整体质量，这些信息都应该体现在创意纲要中；二是项目范围，或者说工作所涉及的范围，也就是为了使交付的设计成果达到预期标准所要付出的努力。这些工作在每个环节每个阶段都要进行衡量，设计师必须意识到这些因素，以确保项目的平衡并保证项目顺利地推进。

每个设计任务都需要由设计师、客户和与之相关的团队通过合作来完成，这就需要一个独一无二的短期管理结构来对这个过程进行管理。虽然设计师可以影响设计项目中具体的因素，但多数设计师并不能真正地控制它们。一般情况下，设计师都是在客户设定的参数范围内进行工作的。另外，时间表、预算计划和至少一部分设计项目的人选通常都是由客户决定的。与此同时，沟通目标、受众需求以及品牌框架等因素都会影响设计的进程，因此也都需要进行管理。设计项目管理限制因素的三角详解图见图7-4。

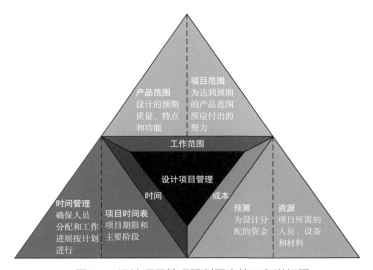

●图7-4　设计项目管理限制因素的三角详解图

7.4 设计管理者

设计管理包括与不同类型的多学科同事一起工作时在一个大的范围内对输入的理解、调和及综合。参与者的范围将从具有战略性的"管理董事会"延伸到维护工作者；从具有自由思想的创造性设计师延伸到技术操作员；从具有美学思想的风格大师延伸到能让需求与法规相适应的法律工作者；从那些研究人机工程学的人员到那些期盼经济和市场成功的人士。

如果想得到成功，设计管理者必须因此引进一系列的技巧到项目队伍中。他/她必须能够理解许多参与者的语言并进行交流，必须通过支持创造性的活动和维持程序，管理因为平衡可控进程而产生的冲突需求：去处理、理解、重新解释及调和有冲突的信息条款与相冲突的技术性、创造性、经济性及所有其他方式的需求。在面临多种数据包围需要立即重新再分配和从周围寻求帮助时，作为各种决定标准的维持中立的"项目前景"的能力，除了要求持久的智力投入外，还需要客观、实际和创新的能力。

成功的设计管理者可能具有创造、设计背景的经历和/或资历，也可能将这与实际的感觉以及商业学习中的经验和/或资历结合在一起。陈述、交流技巧和信息管理技巧是另外的核心要素。

作用于设计管理者必须管理的项目上的冲突压力，能用力场图（图7-5）来说明。

项目期限 ⟹	⟸ 质量要求
进程 ⟹	⟸ 控制
注重实效的 ⟹	⟸ 富于创造性的
终止 ⟹	⟸ 探索
预算控制 ⟹	⟸ 独特设计
经济效益 ⟹	⟸ 文化效益
功能 ⟹	⟸ 美学
技术的 ⟹	⟸ 风格的
法定承诺 ⟹	⟸ 创新解决
运作的 ⟹	⟸ 战略的
维护 ⟹	⟸ 创新材料和解决方法

●图7-5 力场图

7.5　项目管理流程

估算的东西永远都不可能完美，而且创意的产生也很难用精确的时间表来衡量。但是在商业社会，时间就是金钱，设计师必须按时交付他们的创意，然后他们才能接受下一个工作的委托。如果他们不能及时交付作品，他们的收入就可能低于行业的最低标准，甚至可能赔钱，而实际上他们可能并不缺乏资金充足的客户和众多的工作项目。也就是说，如果缺乏良好的管理，设计师的工作将很难进行下去。

处理设计项目管理的最佳方式是什么？本书中列举了许多成功的设计实践经验。从某种程度上来说，这些富有价值的商业运作的细节会比较沉闷，相比之下，作为设计工作中心环节的创意挑战则更令人兴奋。但不幸的是，在整个设计项目中，设计创意所占的时间比例并不超过50%，更多的时间都花在技术、沟通、管理、文书工作和账单整理这些事务性工作上。事实上，一个设计机构或者一个设计项目的成败往往就取决于这些事务性的工作。

一个设计项目的执行包含了诸多设计流程，每个流程的阶段又分解为若干步骤，其中还包括了各阶段必须完成的一些更加细微的阶段性工作。每个阶段的工作都会影响到项目的时间、成本和工作范围。因此，每一项工作都需要有适当的定义、资源的分配、时间的分配和恰当的管理。

图7-6描述了设计项目管理流程的众多步骤。无论是大型的设计项目还是小型的设计项目，都需要有人从始至终地管理项目的方方面面。

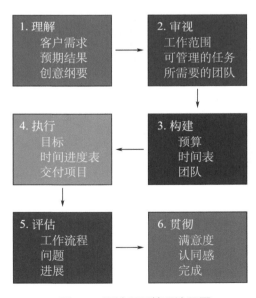

● 图7-6　设计项目管理流程图

案例

Buma/Stemra，荷兰音乐版权组织形象识别与网站设计

Buma/Stemra是一个代表音乐人利益的荷兰音乐版权组织，它与Link Design设计公司合作设计标识，让其更加清晰地反映出自身特色。

Link Design设计公司1996年成立于荷兰阿姆斯特丹，并于2011年在上海设立办公室。公司将有确凿成效的创意策略和视觉概念作为核心业务。Link Design的顶级设计师用独到的创意将客户的品牌赋予生命力，包括视觉识别、标识、宣传册、年度报告，网站和其他的在线传播方式、包装、演示和展览以及一切内在和外在的包装。公司开发的强劲视觉概念也适用于广泛的媒体宣传。

另外，Link Design上海公司会为想把产品带入欧洲的中国公司提供帮助。Link Design是中国欧洲联盟（TCEN）的创始人和成员之一，与合作伙伴一起提供一系列完善的服务。从策略到设计，从财务管理到物流管理，TCEN共同帮助客户实现国际增长，Link Design设计公司官方网站如图7-7所示。

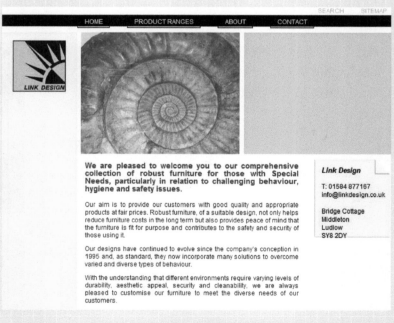

● 图7-7　Link Design设计公司官方网站

凭借超过15年的经验，Link Design采用"四阶"模式来开发完美创新的方案为品牌增添价值。

第一阶段——制定策略：
进行市场调查；
对目标群体进行分析；
对品牌进行定位；
制定品牌策略；
制定传播策略。

第二阶段——确定概念：
确定商标方案；
建立视觉识别系统；
进行相关的视觉设计；
进行相关的交互设计；
制定工作框架。

第三阶段——平面设计：
拟定图形要素；
互动和在线设计；
设计企业形象；
制定企业识别手册；
文本制作；
摄影取材。

第四阶段——后续宣传：
印制宣传手册；
建立网站；
推出新企业形象；
编辑和发布照片／视频。

通过对Buma/Stemra网站访问者的快速调查，Link Design发现绝大多数访问者对Buma/Stemra网站持较负面的看法，因为仅是浏览网页，用户们并不清楚Buma/Stemra究竟是什么性质的组织。

在与Link Design就新策略进行讨论后，Buma/Stemra请Link Design为自己设计一个可以清晰表达其组织性质和任务的新标识。在设计上，Link Design以Buma/

Stemra的音乐作为起点，因为在大众眼中，音乐永远具有正面形象，而且音乐与Buma/Stemra有重要的关联。

Link Design开始为Buma/Stemra设计形成企业标识所需要的元素，包括标识、排印、色彩、图像及品牌形象。以音乐为起点，Link Design采用蓝色与洋红色（在西方文化中代表信任的颜色）的对话框形式体现Buma/Stemra在音乐用户、公众、媒体及政界眼中是一个值得信赖的对话伙伴。

在企业识别设计的另一环节上，Link Design为Buma/Stemra重新设计了网站（图7-8），使访客对Buma/Stemra的音乐有更美妙的体会，同时更明确地区分Buma/Stemra代表的各个群体。网站推出后深得好评，因此访问量已经提高了50%。新的网站设计更美观，有更强的功能性和实用性，因此被授予了威比奖（国际数字艺术与科学学院主办的评选全球最佳网站的奖项）。

现阶段Link Design依然保持着与Buma/Stemra的密切联系，以确保新企业标识在所有宣传项目中能延续高度的完整性。

之后，Link Design成为Buma/Stemra的新宣传项目的设计合作伙伴。Buma Cultuur由荷兰音乐版权组织Buma/Stemra成立，该组织的职责是在荷兰本土以及荷兰音乐主要出口市场支持和促进荷兰的音乐版权。有了Buma/Stemra新企业标识的成功之后，Buma Cultuur也请Link Design更新企业标识。

● 图7-8　Buma/Stemra网页设计

122

考虑到二者紧密的关系以及成本，Link Design建议Buma Cultuur选择与Buma/Stemra类似的企业标识。因此"对话框"成了Buma Cultuur新标识的基本构想。由于Buma Cultuur的重点在于荷兰音乐，Link Design决定将"对话框"标识的颜色从蓝色改为象征荷兰皇室的橙色。橙色被运用到Buma Cultuur的所有宣传工具中，一起使用的还有代表Buma/Stemra的黑色及白色。

●图7-9　Buma Cultuur网页设计

新的企业标识设计完成后，Link Design为Buma Cultuur设计了网站（图7-9）。新网站的独特之处在于采用了"自适应网页设计"，该网页可以根据尺寸大小不同的屏幕（例如iPad）自动调整布局。通过这个设计，访问者无论采用何种浏览设备，都可以得到最佳的网络浏览体验。

尽管最初Buma Cultuur的计划是复制Buma/Stemra的网站设计，但Link Design并没有这么做，他们给出完全相反的建议：设计一个不同于Buma/Stemra，但在细微处相似的网站。网站推出后，对访问者的调查反馈表明Link Design的决策是正确的，两个网站的访问量都比之前增加了，网站数据显示有针对性的访客比例也得到了增加。

08

设计
评审

8.1 项目审核

设计审核是某专家组从设计程序、设计理念和设计实施方法上评价该设计方案的优缺点，以决定该设计项目能否达到要求，通过审核。设计审核要求设计师通过对样品的相应审核、评价、修正和确认，使其更符合设计方案效果，并对制作方法以及设备、人力和能源等方面提出合理建议，力求达到质量标准。

8.2 项目评价

对设计方案的评估是始终贯穿在整个设计过程中的，它是一个连续的过程。设计评价是在收集相关反馈信息的基础上进行的。在设计推向市场后，设计师应该积极关注并参与到设计评价中，以获得再设计的必要信息反馈。

8.3 评估方法

8.3.1 情感测量

产品情感测量工具（PrEmo）是一种不需进行口头表达，而是利用自我报告的形式测量用户对产品的情感反应的工具。

（1）何时使用此方法

PrEmo能帮助设计师回答以下问题：产品、包装甚至气味等特殊刺激物可以唤起用户的哪些情感反应？这种方法适用于在设计的各个阶段评估已有产品或新的设计概念的情感反应。用户可以选择动漫表情来表达他们的情感反应。PrEmo可以测量12种情感：6种积极反应和6种消极反应。最终的成果为一份具体的情感报告。

（2）如何使用此方法

在不断地改进该方法后，即使没有经验的设计师也能顺利地用它来测量用户对已有产品或新的设计概念的情感反应。设计师可以运用在线平台收集定量研究数据。分析数据需要具备一定的知识与经验。分析结果可用于以下多种用途：为设定新产品的情感基准提供参考，

挑选最能激发用户积极情绪的设计概念，作为交流工具帮助团队成员对产品的情感反应达成共识。更多用途不在此赘述。

可以通过网上平台设计自己的情感测量试验。该平台提供了一个设计模块和一个实验模块。

①设计模块

a.创建实验并上传"刺激物"：需要测量的文字和/或图片。

b.选择想要测量的情绪。

c.决定实验语言。

d.书写实验报告以及操作指南。确保受访对象可以通过一定的渠道进入该实验模块。

②实验模块

a.进行实验测试。

b.将实验链接分别发给每位测试参与者。

该方法的局限性在于PrEmo只能测量情感，例如，"吸引人的""有魅力的""无聊的"以及"不满意的"等。这些情感只与用于测量的刺激物相关，例如，产品或气味。

8.3.2 产品概念评估

设计师可以运用产品概念评估了解目标用户和其他利益相关者对设计概念的评价，并依此决定设计方案中的哪些因素需要进一步优化，或对是否继续发展该设计概念做出决策。

（1）何时使用此方法

产品概念评估可用于整个设计流程中。概念筛选通常建立在大量的产品创意和设计概念的基础上，因此在设计流程的初始阶段使用频率更高。概念优化则常被用于设计流程的末期，因为此时设计师需要对现有的概念进行改善。

（2）如何使用此方法

通常情况下，设计师只有控制评估环境才能有效进行产品概念评估。评估者需引导参与者对照预先设定的评估因素清单对设计方案进行评判。因此，产品概念评估不仅需要预先产出大量的待评估的设计概念，还需要对评估的原因作出解释。概念筛选一般由产品经理、工程师、市场专员等专业性较强的专家而非用户群代表来进行。概念优化的主要对象是产品创意和设计概念中所涉及的具体部件和元素。此处有一个假设前提：每种产品概念中的优秀元素可以挑选出来，整合成一个最优的设计概念。在经历初步筛选后，设计师需要进一步从

2 ~ 3个已选方案中再次作出选择，并决定是否继续发展这些方案。在产品概念评估过程中，可以运用以下几种方法展示设计概念。

① 文字概念　运用场景描述形容用户如何使用该产品，或列举该创意的各方面特点。

② 图形概念　运用视觉表现方式呈现产品创意。在设计流程的不同阶段可以灵活运用不同的表现方式，如设计草图、详细的3D计算机辅助设计模型等。

③ 动画　运用动态视觉影像展示产品创意或使用场景。

④ 虚拟样板模型　运用三维的实体模型展示产品创意。

使用此方法的主要流程如下。

① 描述产品概念评估的目的。

② 选定进行产品概念评估的方式，例如，个人访谈、焦点小组、讨论组等。

③ 运用适当的方式表现设计概念。

④ 制定一个包含下列内容的评估计划：评估的目的和方式、受访者的描述、需要向受访者提出的问题、产品概念需要被评估的各个方面、测试环境的描述、评估过程的记录方法、分析评估结果的计划等。

⑤ 寻找并邀请受访者参与评估。

⑥ 设定测试环境，并落实记录设备。

⑦ 引导参与者进行概念评估。

⑧ 分析评估结果，并准确呈现所得结果，例如，以报告或海报的形式展示结果。

8.3.3 交互原型评估

交互原型评估方法用来模拟测试用户与未来产品的交互。它能帮助设计师在设计概念发展的早期进行概念评估，促使设计师在概念发展阶段形成一个快速学习周期。

（1）何时使用此方法

交互原型评估可以运用于整个项目设计周期，但通常情况下与概念发展阶段制作的粗略原型配合使用最有效。设计师通常会为未来的目标用户与目标产品预设一种特定的交互方式。运用交互原型能快速实现该交互方式并能对设计师预设交互行为的可行性进行测试。通过这种方式，设计师能结合真实的用户反馈对设计概念进行迭代改进。交互原型也能帮助设计师更好地与客户交流未来产品的交互方式。此外，交互原型还能将设计师带入产品与用户交互的各种情境中。这些交互情境能为设计师提供与用户体验相关的具体产品信息（如使用场合、使用顺序、几何形态特征、材料品质等），从而改进设计大纲和设计要求。

（2）如何使用此方法

交互原型是在动手制作的过程中不断完善的。设计师可以运用这种方法灵活地想象并细化未来的交互方式。该方法将个人和团队的注意力集中于未来的交互方式上。小规模地使用该方法，一次性或重复使用皆可。设计师可以运用交互原型测试并观察用户对设计概念的感受，从而确定产品的设计特征，如物理形态、产品使用顺序等，也能从中看到设计中的知识空白。

交互原型评估方法的主要流程如下。

① 为预期的交互方式绘制一张快速场景草图，即故事板。

② 制作一个交互原型，即一个粗略、简单的模型，用来探索想表达的各种设计特征。

③ 邀请用户（或用户扮演者）如同使用真实产品一般使用该原型（模拟与产品的交互过程）。然后逐步调整改进最初的设计原型。不断重复该过程，直到得出一个令人满意的、能进入下一阶段发展的设计概念。在该步骤需要注意：关注用户的行为，而非其语言；观察者务必记录整个交互过程。

④ 评估观察所得的交互特点，例如"用户和产品的互动方式很优雅"。将这些交互质量联系到产品设计中的各种属性上，按需修改设计。

需注意，用户可能会将该方法与产品可用性评估混淆。使用该方法能深入洞察设计师产品设计概念的交互体验特征。使用该方法所得结果有助于设计师进一步发展设计概念并将设计要求清单全面细化。

8.3.4 产品可用性评估

产品可用性评估主要用于验证产品的可用性，该方法能帮助设计师了解在现实使用情境中该设计（概念或创意）的质量，并在测试结果的基础上进行改进。

（1）何时使用此方法

产品可用性评估通常适用于设计过程中几个特定的阶段。在不同阶段中，需要对不同的项目进行评估。

① 在开始阶段，需要测试并分析类似产品主要流程的使用情况。

② 在设计的初始阶段，可以运用草图、场景描述以及故事板等方式模拟设计概念并进行评估。

③ 通过3D模型对造型和功能进行模拟评估，评估中期或终期的设计概念。

④ 对接近最终产品的功能模型进行测评。在评估结果的基础上，可以就设计的有效性、效率以及满意度方面提出要求。同时，可能会发现一些错误、分歧、解决问题的其他可能性以及提高产品安全性和用户体验的新机会。

（2）如何使用此方法

首先，通过有效的手段展示设计概念，并观察用户在现实中的使用情况。其次，观察用户的感知能力（使用中，用户是否能接收到或自己发现使用线索）、认知能力（他们如何理解这些线索）以及这些能力如何帮助用户达到使用目的。观察有意或无意的使用情况。在评估之前，设计师需要进行一番精心的准备，包括寻找合适的材料和参与者。对于一次简单的定性评估而言，一般需要4～10名参与者。最终得出一份设计改进要求清单。评估过程可以用录音、照片以及视频等形式记录下来，以便用于之后的分析与交流。

步骤如下。

① 用故事板的形式表达预期的真实用户及其使用情境。

② 确定评估的内容（产品使用中的哪个部分）、评估方式以及在何种情境下评估。

③ 详细说明提出的设计假设：在特定环境中，用户可以接受、理解并操作产品的哪些功能（即使用方式和使用线索的特征）？

④ 拟定开放性的研究问题，例如，"用户如何使用这件产品？"或"他们使用了哪些使用线索？"

⑤ 设立研究：表达产品设计（故事板或实物模型等），确定研究环境，为参与者准备研究指南和研究问题。

⑥ 落实研究参与者并让其知悉研究的范围（如个人隐私问题等），进行研究并记录所有活动过程。观察有意或无意的使用情况。

⑦ 对结果进行定性分析（相关问题及机会）和（或）定量分析（例如，计算发生的频率）。

⑧ 交流所得成果，并根据结果改进设计。在评估过程中往往会出现许多设计灵感。

8.3.5 基准比较法

基准比较法能帮助设计师利用设计标准评估设计概念。随机抽取一个设计方案作为基准方案，该基准方案客观地定义了中庸设计的每项标准。设计师可以参照该基准方案，比较其余不同的设计方案，所得结果无非是高于或低于基准方案或与基准方案的表现相当。

（1）何时使用此方法

需要对几项设计提案进行对比并得出共识时，便可以使用基准比较法。通常情况下，该方法更多用于设计流程中的概念设计阶段。其目的在于通过对设计标准系统的讨论，比较不同设计提案的优缺点，从而增强设计师的信心。

（2）如何使用此方法

针对不同设计的所有评价都以个人的直觉为基础。在比较中，可以参照以下三种评判标准："高于""相当于""低于"，可以分别用"＋""s""－"三种符号表示。设计师可以根据这三个方面的总得分对设计方案进行决策。最佳选择方案应该是设计师或设计团队最具信心的方案。基准比较法以不同的产品设计概念为起点，在比较过程中按照相同的设计标准在同一层面上比较不同概念的某一同类特征。同时，在不同的设计进程中可能产生不同的设计标准，因此，合理利用这些不同的设计标准也非常重要。据此，设计师能选择出适合未来进一步发展的设计概念。正是因为有了此过程，设计师以及利益相关者才能对他们挑选的设计方案更有信心。

主要流程如下。

① 将设计标准与需要进行比较的不同设计方案制作成表格形式。

② 选择参照基准，如一个已经存在的产品。

③ 对照基准产品，比较其余设计方案各方面特点，其中："－"表示设计方案在此设计标准项中的表现低于参照基准；"＋"表示设计方案在此设计标准项中的表现高于参照基准；"s"表示设计方案在此设计标准项中的表现与参照基准相当。

④ 比较结果："＋"越多、"－"越少说明设计方案的表现越好。如果"＋""－"和"s"数量相当，则有可能是因为设计标准设置得太抽象或太模糊。

⑤ 选择一个新的参照基准，并重复迭代步骤③与步骤④，查看在上一步骤中表现最好的设计是否依然具备优势。

⑥ 重复步骤③～⑤（即选择多个参照标准与设计方案进行比较）直至在最佳设计方案上达成共识。

⑦ 为节约时间，每次比较都可以直接淘汰掉最差的设计方案。

这个方法的局限性在于该方法并不是精确的数学证明，而是一种辅助决策的快捷方法。设计师不能仅看某一单项的评分，而需要对设计方案的整体评分进行比较。这意味着一个"－"可抵消一个"＋"。于是，拥有两个"＋"、一个"s"以及两个"－"设计的总得分为0。虽然结果让人一目了然，但需要注意的是，这种抵消的方式并不一定十分有效，也可能不利于讨论设计概念或设计标准。

09

设计
营销

9.1 设计营销研究的意义

营销是指在以顾客需求为中心的思想指导下，企业所进行的有关产品生产、流通和售后服务等与市场有关的一系列经营活动。

市场营销作为一种计划及执行活动，其过程包括对一个产品、一项服务或一种思想的开发制作、定价、促销和流通等活动，其目的是经由交换及交易的过程达到满足组织或个人需求的目标。

（1）传统定义

① 美国市场营销协会下的定义：市场营销是创造、沟通与传送价值给顾客，及经营顾客关系以便让组织与其利益关系人受益的一种组织功能与程序。

② 麦卡锡（E.J.McCarthy）于1960年也对微观市场营销下了定义：市场营销是企业经营活动的职责，它将产品及劳务从生产者直接引向消费者或使用者以便满足顾客需求及实现公司利润，同时也是一种社会经济活动过程，其目的在于满足社会或人类需要，实现社会目标。

③ 菲利普·科特勒（Philip Kotler）下的定义强调了营销的价值导向：市场营销是个人和集体通过创造并同他人交换产品和价值以满足需求和欲望的一种社会和管理过程。

④ 菲利普·科特勒于1984年对市场营销又下了定义，认为市场营销是指企业的这种职能：认识目前未满足的需要和欲望，估量和确定需求量大小，选择和决定企业能最好地为其服务的目标市场，并决定适当的产品、劳务和计划（或方案），以便为目标市场服务。

⑤ 格隆罗斯给的定义强调了营销的目的：营销是在一种利益之上，通过相互交换和承诺，建立、维持、巩固与消费者及其他参与者的关系，实现各方的目的。

（2）新式定义

① 台湾的江亘松在《你的营销行不行》中强调营销的变动性，利用营销的英文marketing做了下面的定义："什么是营销？"就字面上来说，"营销"的英文是"marketing"，若把marketing这个字拆成market（市场）与ing（英文的现在进行时表示方法）这两个部分，那营销可以用"市场的现在进行时"来表达产品、价格、促销、通路的变动性导致供需双方的微妙关系。

② 中国人民大学商学院郭国庆教授建议将新定义完整地表述为：市场营销既是一种组织职能，也是为了组织自身及利益相关者的利益而创造、传播、传递客户价值，管理客户关系的一系列过程。

③ 关于市场营销最普遍的官方定义：市场营销是计划和执行关于商品、服务和创意的观念、定价、促销和分销，以创造符合个人和组织目标的交换的一种过程。

图9-1展示了简要的市场营销过程五步模型。在前四步中，公司致力于了解顾客需求，创造顾客价值，构建稳固的顾客关系。在最后一步，公司收获创造卓越顾客价值的回报，通过为顾客创造价值，公司相应地以销售额、利润和长期顾客资产等形式从顾客处获得价值回报。

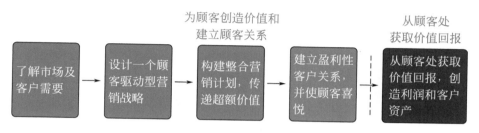

● 图9-1　市场营销过程的简要模型

图9-2为将所有概念综合起来的扩展模型。什么是市场营销？简单地说，市场营销就是一个通过为顾客创造价值而建立盈利性顾客关系，并获得价值回报的过程。

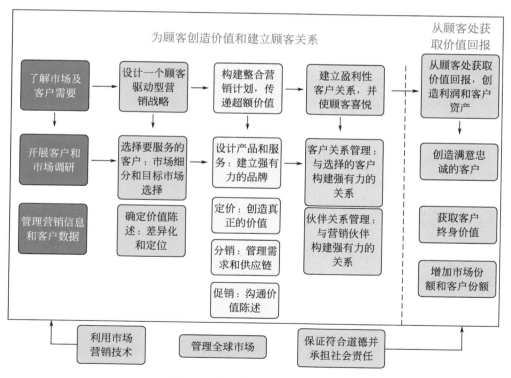

● 图9-2　市场营销过程的扩展模型

营销过程的前四步注重为顾客创造价值。企业最初通过研究顾客需求和管理营销信息获得对市场的全面了解，然后根据两个简单的问题设计顾客驱动型营销策略。第一个问题是："我们为哪些顾客服务（市场细分和目标市场选择）？"优秀的市场营销企业知道它们不能在所有方面为顾客提供服务。企业需要将资源集中于它们最具服务能力，并能获得最高利润的顾客。第二个市场营销战略问题是："如何最好地为目标顾客服务（差异化和定位）？"市场营销人员这时需提出一个价值陈述，说明企业为赢得目标顾客应传递怎样的价值。

我们再来回顾一下设计的定义：设计是为构建有意义的秩序而付出的有意识的直觉上的努力。

第一步：理解用户的期望、需要、动机，并理解业务、技术和行业上的需求和限制。

第二步：将这些所知道的东西转化为对产品的规划（或者产品本身），使得产品的形式、内容和行为变得有用、能用、令人向往，并且在经济和技术上可行（这是设计的意义和基本要求所在）。

这个定义可以适用于设计的所有领域，尽管不同领域的关注点从形式、内容到行为上均有所不同。

从市场营销的过程中可以知晓，设计营销的研究目的是巩固设计者及其设计产品的生存和发展。设计营销研究的意义具体表现为有利于更好地满足人类社会的需要，有利于解决设计产品与市场的结合问题，有利于增强设计的市场竞争力，有利于进一步开拓设计的国际市场，通过对设计思维、设计策略、设计产品、设计组织、设计运行的有机营销实现多元化价值。

9.2　平衡内外营销

正如《财富》杂志评论员所言，世界500强胜出其他公司的根本原因，就在于这些公司善于给他们的企业文化注入活力，凭着企业文化力，这些一流公司保持了百年不衰。企业文化都是靠全体人员的思想、理念和行为形成的，企业的文化力强说明企业的内部营销做得好。

可口可乐的商业理念是：公司的商业回报来自公司员工对工作价值与社会责任的认可。从这条理念中可以看出可口可乐公司对自己员工的重视，正是由于做好了内部的工作，才使企业的外部营销做得如此成功。可口可乐商业广告如图9-3所示。

●图9-3 可口可乐商业广告

从企业结构看内外营销

早在1994年，哈佛教授赫斯凯特的"服务利润链管理理论"认为，企业内部的员工越满意，企业外部的顾客就越满意，企业的获利能力就越强。要想做好内部营销，企业必须避免传统管理模式的缺陷，实施倒金字塔式的管理方式，将顾客放在最上层，第一线员工在第二层，第三层是中层管理者，最下面的是企业决策者和董事。

企业要生存，就必须盈利，要想盈利，就必须以顾客为中心，向顾客提供产品或服务。直接向顾客提供产品或服务的不是企业的董事会、高层管理者，而是企业的一线员工。一线员工来自企业的营销部门、财务部门、生产研发部门，任何一个部门的员工工作或服务有问题，就可能直接影响企业外部的顾客的满意度，进而影响利润的增加，影响企业的持续发展。因此企业在做营销时，不仅要进行外部营销，还要进行内部营销，而且内部营销要先于外部营销。

何谓内部营销？菲利普·科特勒指出，内部营销是指成功地雇佣、训练员工，最大限度地激励员工更好地为顾客服务。需要注意的是，企业内部的员工在不同的时候扮演不同的角色：在进行外部营销时，内部员工作为营销者为外部员工提供服务；在进行内部营销时，内部员工作为顾客被提供服务。有时一线的员工也分为前台人员（直接面对顾客的员工）和后台人员（为前台提供后勤服务的员工）。为了避免前台后台人员相互不买账，必须协调好各级各层的关系，对其进行内部营销。

9.2.2 进行内部营销要把好三道关

如果企业缺少好的内部运作，不能在众人面前展示企业自身的文化特色，不能抱着一种良好的心态去面对工作，即使有再广阔的外部营销空间，也只不过是徒劳而已。

内部营销的最大作用在于让员工最大限度地为顾客提供服务，因此要想做好内部营销必须把好三道关：雇佣、训练、激励。

（1）雇佣

企业在招聘员工时，一定要选好人。人力资源部门直接承担起营销的责任，如何做好招聘的宣传，对招聘人员的考核标准的要求，对应聘者学历、经历、资历及道德的要求，是否认同公司的文化和结构等都是选人的关键。招聘时一定要设好岗位，做到人尽其才，让合适的人在合适的岗位工作，这样才能留住人，能更好地为客户服务。

（2）训练

企业在招聘好员工后，一定要对员工进行培训。企业的成功，基于所有员工的成功；员工的成功，则基于不断学习与训练。如果我们发现员工的技术操作不标准，却不加以纠正，那么就意味着我们愿意接受较低的工作标准，让顾客得到较低的服务质量。这会影响到消费者的心理，从而直接影响利润。培训能提高员工的技术能力和操作熟练度，从而相应地提高了工作效率；培训是实现人才储备的重要手段；培训能促进公司各部门的协调合作，培养团队和整体作业精神。每一名员工都想成为一名优秀的员工，有些时候，员工之所以会犯错并不是员工的本意，而是员工根本不知道怎么做是正确的，正确的标准是什么。

对员工培训时要有明确的目标，不同岗位要有不同的要求。在进行培训时最好要有SOP（标准的作业程序），以减少不必要的步骤，大大提高效率。培训方式要灵活，下面给出的训练三招，各有优势。

① 座谈式　员工在培训负责人的主持下，坐在一起提议、讨论、解决问题的一种方式。此种方式可以就某一具体问题或某一制度进行提议、讨论，然后达到解决的目的。此种方式让每一位员工都能参与其中，并能发挥自己的独到见解。作为负责培训的人员，也可以集思广益。但此种方式并不是散乱无序的，培训负责人一定要事先列好提纲和议题。座谈式培训不但可以教会员工许多知识或技能，达到培训的目的，还能提供内部员工交流的机会，并达到促进员工友好合作的效果。

② 课堂培训　课堂培训是最普遍、最传统的培训方法。它是指培训负责人确定培训议题后，向培训部申请教材，或自己编写相应的培训教材（培训前要请培训部审定教材），再以课

堂教学的形式培训员工的一种方法。此种方式范围很广，理论、实际操作、岗位技术专业知识都可以在课堂上进行讲解、分析。

③ "师傅带徒弟" 帮带培训　 "自己学习爬楼梯，跟师学习是坐飞机。"新进的员工与资深技术员工结成"师傅带徒弟"帮带小组，并给出培训清单（上面列出培训标准内容和要求等）的培训方式，可以采取一带一或一带多，但最好采取一带一。此种方式的考核要求将新员工与资深技术员工一起考核，以保证资深技术员工更有责任心。

在实际培训中，往往是多种方法的综合。培训方式的结合能让学员更快、更多地理解所学内容。通过培训我们可以让平凡的人胜任不平凡的工作。

（3）激励

管理者都希望自己的员工认真地工作，为顾客提供满意的服务，为组织创造更多的效益。人都有很大的潜力没有被开发出来，要使员工积极自主地工作，管理者就必须对员工进行有效的激励，把员工的潜能激发出来。激励的方法有很多，企业可以针对自己的情况，采用适当的方法。下面给出激励六法。

① 顺性激励　 为员工安排的职务必须与其性格相匹配，因为每个人都有自己的性格特质。员工的个性各不相同，他们从事的工作也应当有所区别。与员工个性相匹配的工作才能让员工感到满意、舒适。

② 压力激励　 为每个员工设定具体而恰当的目标，目标设定应当像树上的苹果那样，站在地上摘不到，但只要跳起来就能摘到。目标会使员工产生压力，从而激励他们更加努力地工作。在员工取得阶段性成果的时候，管理者还应当把成果反馈给员工。

③ 物质奖励激励　 针对不同的员工进行不同的奖励，奖励机制一定要公平，管理者在设计薪酬体系的时候，员工的经验、能力、努力程度等应当在薪水中获得公平的评价。

只有公平的奖励机制才能激发员工的工作热情。奖励要及时兑现，不能光说不做，这样会让员工对公司失去信心。公司要对员工诚信，说到就要做到，做不到的一定不要先说，否则会给员工一种欺骗的感觉。员工大多都是"近视"的，他们不相信遥遥无期的奖励，所以对员工的奖励要经常不断，让员工看到希望。

④ 精神奖励激励　 一句祝福的话语，一声亲切的问候，一次有力的握手都将使员工终生难忘，并甘愿为公司效劳一辈子。当员工工作表现好时，不妨公开表扬一下；当员工过生日时，一张精美的明信片，几句祝福问候语，一次简易的生日party，将会给员工极大的心灵震

撼。对下属员工提出的建议，要微笑着洗耳恭听，一一记录在册，即使对员工的不成熟意见，也要一路听下去，并耐心解答，员工好的建议与构想，要张榜公布。奖励一个人，会激励上百人，从而把所有员工的干劲调动起来。

⑤ 友善激励　友善激励可以改善企业内部员工的人际关系。有相当一部分员工的离职是由公司内部员工的人际关系不和引起的。员工都愿意在和谐融洽的气氛中工作。企业和职员之间要能达成共识，形成一种"军民鱼水情"。工作当中需要配合、协作、主动。企业只要有良好的经营理念和指导思想，员工就会有良好的工作态度和行为面对工作。

⑥ 环境激励　良好的办公环境能提高员工的工作效率，能确保员工们的身心健康。对办公桌椅是否符合"人性"和"健康"要进行严格检查，以期最大限度地满足员工们的要求。可以设立专门的休息时间，使员工可以放点音乐调节身心，或者利用健身房、按摩椅"释放自己"。

9.2.3 平衡内部营销和外部营销

内部营销先于外部营销，内部营销的目的是更好地进行外部营销。内部营销的实质是，在企业能够成功地达到有关外部市场的目标之前，必须有效地运作企业和员工间的内部交换，使员工认同企业的价值观，形成优势的企业文化，协调内部关系，为顾客创造更大的价值。

来看看麦肯锡公司是如何平衡公司的内部营销和外部营销关系的。麦肯锡公司是咨询业的标杆公司，是一个在经营业绩上取得显著、持久和实质的提高，并建立了能够吸引、培养、激励和保留优秀人才的精英公司。简单地说，客户和人才是麦肯锡公司的两大使命。客户是外部营销的对象，人才是内部营销的对象，麦肯锡平衡了两者的关系，首先做好了内部营销，又做好了外部营销，才使得公司基业长青。

麦肯锡在内部营销方面的表现是：任人唯贤而不是论资排辈，在聘人、培训、激励方面都做得很好。

第一，麦肯锡只聘用名校最优秀的毕业生，内部有一个不进则退的机制，每一个咨询顾问每隔两三年都要有一个新的发展台阶，这样才能不断使人才往更高的阶段去发展。

第二，麦肯锡着重团队合作而不是残酷的竞争，提升或离开并没有名额限制，完全在于个人，只要达到标准了就可以提升，离开也不是竞争形成的，而是因为外部机会更好或者因为不能适应更高的要求。

第三，麦肯锡从不把离开的人看作失败者，反而会为他们提供帮助，甚至会帮他们推荐去处，以此来体现它的人性化管理，激励员工，让员工对公司存有感恩之心。

第四，麦肯锡的每个人都重视对人才的培养。麦肯锡每年在培训上投入巨资，此外，每个咨询顾问甚至合伙人都参与到基础的招聘工作中，麦肯锡对此有一套完整的流程和标准。每一个咨询顾问都肩负着对小组成员的评价和反馈，无障碍地互相学习和沟通已经成为麦肯锡的一种习惯和文化。

麦肯锡的外部营销则为：以客户为中心，把客户利益放在公司利润之上，顾问为客户的事情绝对保密，应对客户诚实并随时准备对客户的意见提出质疑，能做到的就答应客户，不能做到的绝不会欺骗客户，只接受对双方都有利益并且可以胜任的工作。麦肯锡公司之所以能做到以客户为中心，关键是有很好的企业文化，首先做好了企业内部营销。

实行内部营销是为了把外部营销工作做得更好。因此我们在进行营销时要平衡好企业的内外部关系，发现外部顾客需要什么、雇员需要什么，然后寻找这些需要的平衡点，合理地分配企业资源。不能把所有资源都放在内部营销上，也不能把所有资源都放在外部营销上，一定要根据企业自身的情况、所在的环境需要分配好必需的资源，包括人力、物力、财力和信息资源。

9.3　制定营销计划

营销计划是什么？为什么说营销计划对于企业的成功至关重要？

几乎所有的企业，成功的市场营销都是从一份好的营销计划开始的。大公司的计划书往往长达数百页，而小公司的营销计划也得用掉半打纸。请将营销计划放入一个三孔活页夹内，这份计划至少要以季度划分，如果能以每月划分那就更好了。记得在销售及生产的月度报告上贴上标签，这将有助于项目负责人追踪自己计划执行的成绩。

一般计划所覆盖的时间跨度为一年。对于小型公司而言，这通常是对营销行为进行思考的最佳方式。一年的时间，世事多变，人来人往，市场在发展，客户在流动。在之后建议项目负责人在计划的某一部分里，对企业中期未来，也就是起步后的两到四年的时间进行规划，但是计划的大部分还应该着眼于来年。

项目负责人需要花上几个月的时间去制定这份计划，哪怕只有区区几页。制定这份计划对于营销而言是"重中之重"。虽然计划的执行过程也会面临挑战，但是决定去做什么和怎么做，才始终是营销所面对的最大困难。绝大多数的营销计划要自公司的创办伊始就开始执行，如果有困难的话，也可以从财政年的开篇开始。

那么，项目负责人做好的营销计划应该拿给谁看？答案是：公司的每一位成员。很多公司通常将其营销计划视为非常非常机密的文件，这应该不外乎以下两种看起来差别很大的原因：一是计划内容太过干瘪以至于管理层都不好意思让它们出来见光，二是其内容太过丰富，涵盖了大量信息……无论是哪个原因，项目负责人都应该意识到，营销计划在公司市场竞争中格外具有价值。

项目负责人不可能在制定营销计划时不让他人参与。无论公司的规模多大，在计划制定的过程中他都需要从公司的所有部门（销售本身除外）得到反馈：财务、生产、人事、供应等。这点很重要，因为它将带动公司的各部门一起执行这份营销计划。对于什么是可行的以及如何实现目标等问题，公司的关键人物可以提供具有现实意义的意见，并且他们还会分享对任何潜在的、尚未触及的市场机遇的见解，从而可以为计划提供新视角。如果公司采取个人管理模式，那么项目负责人必须在同一时间兼顾多个方面，但是至少会议时间会缩短。

营销计划与商业计划或前景陈述之间的关系是什么？商业计划是对项目负责人所在公司业务的阐述，也就是他要做什么、不做什么以及最终的目标是什么。它所涵盖的内容要多于营销，它可以包括公司选址、员工、资金、战略联盟等，它是"远见卓识"，也就是用那些振奋人心的言语阐明公司的远大目标。商业计划对于项目负责人所在的企业而言就像是美国宪法：如果想要做的事超越了商业计划的范畴，那项目负责人需要做的是要么改变主意，要么修改计划。公司的商业计划应该为营销计划提供良好的环境，因此两份计划必须是相一致的。

销售计划，从另一方面而言，充满了意义。会让项目负责人从如下几个方面受益。

（1）号召力
营销计划会让他的团队紧密团结在一起。对公司而言，身为经营者的项目负责人就像船长，手握航行图、驾驶经验丰富并且对于目的港口心中有数，他的团队会对项目负责人充满信心。企业往往低估"营销计划"对于自己人的影响——他们想要成为一个充满热情并为复杂任务而共同努力的团队的一员。如果项目负责人希望他的员工对公司死心塌地，那么与他们分享他对于公司未来几年走向的规划就很重要。员工并不是总能搞懂财务预测，但是一份编写良好且经过深思熟虑的营销计划则会让他们感到兴奋。项目负责人应该考虑向全公司公开他的营销计划，哪怕只是一份缩略版。大张旗鼓地去执行他的计划或许会为商业投机创造吸引力。他的员工会为能参与其中而感到自豪。

（2）走向成功的线路图

所有的计划都不是十全十美的，没人会知道12个月或是5年后会发生些什么。如此说来，制定一份营销计划是不是徒劳无益？是对本可以花在与客户会面或是产品微调会的时间的浪费？的确有可能，但这只是就狭义的角度而言。如果不做计划，结果是可见的，并且一个不完善的计划也要远好于没有计划。回到我们那个关于船长的比喻，与目标港口有5°～10°的偏差要好于脑海中没有目的地。航海的意义，毕竟是为了到达某处，如果没有计划，那么人将在海洋中漫无目的地漂荡，虽然有时会发现陆地，但是更多的时候都是在漫无边界的海洋中挣扎。而且，在没有航行图的情况下，很少有人会记起船长曾发现了什么，除了沉没时的海底。

（3）公司的运营手册

给孩子的第一辆自行车和新买的录像机都会附带一套厚厚的使用说明，运行公司则更要复杂得多。营销计划会一步步地将公司带向成功，它比前景陈述更重要。为了制定一份真正的营销计划，项目负责人需要从上到下了解公司，确保各个环节都是以最好的方式结合在一起。想在来年把公司发展壮大，项目负责人能做的就是制定一个规模宏大的待办事项清单，并在上面标注出今年的具体任务。

（4）想法备忘录

不需让财务人员将各种数据熟记脑中。财务报告对于任何公司而言都是数字方面的命脉，无论这家公司是何种规模。市场营销也是如此。项目负责人可以用他的书面文件勾画出游戏计划。也许有人离开，也许有新人加入，也许项目负责人会记忆衰退，也许有事情使得改变充满压力，这份书面计划中的信息会始终如一地提醒他那些他曾经认同的事情。

（5）高层次反思

在日常喧闹的企业竞争中，项目负责人很难将注意力转向大局，特别是转向那些与日常运行并无直接关联的环节。他需要时不时地花上一些时间去对公司进行深入思考，例如公司是否满足了他和员工的期望，是否有地方还可以进行创新，他是否从产品、销售人员和市场中得到了可以得到的一切等。制定营销计划的过程就是做以上高层次思考的最佳时间。因而，一些公司会给旗下最好的销售人员放假，其他人也各自回到家中。一些人则聚在当地的小旅馆中制定营销计划，远离电话和传真机可以让他们全身心地进行深入思考，为公司的当下绘制出最精确的草图。

理想情况下，在为近几年定下营销计划后，项目负责人可以坐下来按照年份顺序重读他的计划，并与公司的发展情况进行对照。诚然，有时很难为此腾出时间（因为有个讨人厌的现实世界需要全力以赴），但是这个过程可以帮助项目负责人无比客观地了解这些年他究竟为企业做了些什么。

案例

Michael Kors 大胆尝试社会化营销新路径

以"轻奢品"为定位的美国高端时尚品牌Michael Kors，不仅有着别具一格的品牌风格，而且在营销路数上也与常规奢侈品牌有所不同。社交媒体一直是MK十分重视的营销渠道，在其全球市场营销投入中，数字营销占据了非常大的比重。正是MK在社交媒体上的出色表现，使其被社交媒体分析机构Starcount评为2013年度社交媒体上的顶级时尚品牌，甚至击败了Burberry、LV等强大竞争对手。与大多数善用社交媒体的时尚品牌一样，MK在内容上精耕细作，积极倡导UGC(user generated content，用户生成内容)，同时它也有着一些独特之处。

（1）延伸社交平台的功能，让社交更有趣

如果粉丝在社交平台上只能看看品牌发布的新品信息、搭配技巧、时尚资讯，然后点赞、评论、分享，长此以往难免让人心生倦意。在了解到越来越多甚至是绝大多数用户通过移动终端登录Facebook，MK决定将Facebook手机客户端与App进行嫁接，延伸社交平台的功能。

这场活动名为"What She Wants"（图9-4），是MK于2012年母亲节期间发起的，通过为女儿们提供别出心裁的母亲节礼物建议来提高品牌曝光度和购买率。

●图9-4　MK "What She Wants" 活动

在这次活动中，MK将重心放在移动终端，迎合了大量喜欢使用手机的消费者，提高了活动的参与度。活动期间，登录Facebook查看MK主页的用户会注意到活动提示，只要轻轻一点就可登录到App中查看、购买或赢取MK准备的母亲节礼物。同时，活动App与MK电商网站的便利链接也提高了购买转化率。

其实，这个母亲节活动的内容很简单，谈不上很好的创意。不过值得肯定的是，MK能够洞察到消费者的媒体使用习惯，结合他们在特定时期的需求，以一种崭新且简易的方式与目标消费者进行有效对话。

（2）敢做第一个吃螃蟹的人，大胆尝试社会化营销新路径

在以Levi's为例演示了Instagram广告如何运作之后，MK便满心期待，跃跃欲试。随后不久，MK于2013年11月1日发布了它的第一支Instagram广告（图9-5），同时成为在Instagram第一个发布广告的品牌。

●图9-5　MK第一支Instagram广告——宠爱在巴黎

根据专业研究Instagram平台Nitrogram监测和分析，此次广告发布取得了不错的效果。数据显示，这支展示MK手表的广告为品牌带来了33000名新粉丝，广告图片本身在18小时内也收获了218000个赞，这比MK平时发布商品图片的点赞量高出370%。当然，高点赞率并不意味着所有人都乐意看到这种广告形式。20%的评论表现出明显的反感，只有极少人表达了支持态度，而1%的评论表现出明确的购买倾向。

尽管Instagram广告还有待验证，MK能否继续从这一社会化营销新形式中获益也尚未可知，但MK大胆成为第一个吃螃蟹的人，足见其对社交媒体的重视和用心。

（3）接地气，以社交媒体为先锋开拓新市场

● 图9-6　Jet Setter搜捕令

　　MK在中国进行市场推广时，继续将社交媒体摆在了重要位置。正如MK中国的网络推广及客户关系管理经理凌嘉所说，"社交媒体是我们布局的第一步棋"。北京的第一家MK店开张时，MK与街旁网进行了合作，发起了签到赢奖品的活动，并与新浪微博和豆瓣进行联动。与此同时，MK在新浪微博上开展"Jet Setter搜捕令"（图9-6），号召消费者晒出"经常飞往世界各地享受生活的朋友"，让MK倡导的自由而率性的生活方式深入人心。

　　相比于在国外社交媒体上的表现，MK对中国社交媒体的运用还处于起步阶段，目前仍以微博为主，其他社交平台的运用还有待挖掘。

10
设计
思潮

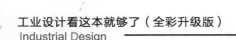
设计史在设计教育中属于一门理论基础课程，主要是使学生对不同年代的设计风格、设计师理念、设计文化有深入的了解，借此可以启发学生设计哲理、概念的思考方法。所以在设计概论的课程中，应该引出一些设计史学的重要设计年代、代表性的设计师思考理念、设计作品、重大设计事件的缘由等，让设计概论和设计史学二者可以建立起学习者更深的设计理念背景。

以工业革命开端的工业史的演进，持续了有将近一百年之久。到了19世纪中期，英国首先将工业技术机器的制品以展示的方法呈现给世界各国，于公元1851年在伦敦举行了一场盛大的水晶宫展览会，也因此次展览会相当的成功，带起了工业技术和美学结合的观念，引发了设计概念的开始。以19世纪的社会、环境和文化的背景与条件，就当时的环境因素而言，由于交通的不甚发达，人与人之间的联系并未相当频繁，人与人的交往是靠商场物资流通与消费作媒介的，当时的信息传达，只靠纸张信息传递消息。而就当时的工业技术而言，无论是工程师或是设计师，他们所设计出的产物，都必须迁就于现有的钢铁材料与制造技术。

随着社会不断地演变，设计活动到了20世纪，已经分工为许多专业的领域，且影响到设计发展形势。其中牵涉到许多因素，而工业技术的进展是一个主要因素，还有经济市场、社会文化与结构，以及人类生活形态等外在的影响；而属于设计本身内在的因素有美学、生态学、人类心理学、文化哲学等。所以我们要研究设计史，不仅要探讨历史年代设计活动的演变，对整个社会发展形态也都要了解。

到了20世纪中期，由于一些建筑师和工业设计师（Charles Jencks、Donald Norma、Michael McCoy、Klaus Krippendorff）提出了以当代文化、社会观念及人类心理与认知学的概念作为设计研究的理论依据，使设计史的研究范围新增了人类心理与哲学概念，许多理论的系统设计方法、方法论与理念，连续应用于设计的实务上；而另外在设计教育的教学上也开始以感知理念、人性文化的设计理论来教导学生。这些设计方法和设计理论，都与当代社会的文化与人类的生活形态有相当大的关系，可以说：人类的生活和社会文化的演进就是一部设计史的经典。因此，探讨设计的精义时，必须先了解设计演进历史的脉络，有了粗略的认识之后，再探讨各个时代的设计背景、风格的特质与渊源，以奠定设计理论的认知基础。

设计师要有扎实的理念背景，就需要深入了解设计史，进而加强设计的概念与理解，对于整体社会经济、趋势、文化与工业技术的演进要深入地探讨。例如，在第二次世界大战后世界经济兴起的时代，功能主义形式的设计领导了整个市场经济，当时的工商经济活动（生产、技术和消费）是促进设计进展的最主要因素。因此，在今日要研究设计理论，不得不洞悉当代经济、文化与科技发展的变化。所以，设计史的研究必须对设计历史、学理基础、文化哲学和设计风格做深入分析与评论。

10.1 现代设计的发展前奏

10.1.1 工业革命

工业革命有时又称产业革命，指资本主义工业化的早期历程，即资本主义生产完成了从工场手工业向机器大工业过渡的阶段，是以机器生产逐步取代手工劳动，以大规模工厂化生产取代个体工场手工生产的一场生产与科技革命，后来又扩充到其他行业。

标志性事件是在18世纪中期，英国的詹姆斯·瓦特（James Watt）发明了蒸汽机，从此，整个世界有了很大的转变，人类开始有了钢铁技术和火车等运输工具，并以此掀起了一阵工业机器的风潮（图10-1）。

● 图10-1　瓦特发明的蒸汽机

从设计史的角度看，如果没有工业革命就不会有今天的工业设计和现代意义上的设计。正是工业革命完成了由传统手工艺到现代设计的转折，随之而来的工业化、标准化和规范化的批量产品的生产为设计带来了一系列变化，也导致了新的设计思想设计方式的产生。

首先，设计行业开始从传统手工制作中分离出来。在传统的劳动过程中，往往由人扮演基本工具的角色，能源、劳力和传送力基本上是由人来完成的，而工业革命则意味着技术带来的发展已经过渡到另一个新阶段，即以机器代替手工劳动工具，从而变成了劳动的性质和社会、经济的关系。此时的设计风格被简化为适应机器制造的东西。

其次，新的能源和材料的诞生及运用，为设计带来全新的发展，改变了传统设计的材料的构成和结构模式，最突出的变革出现在建筑行业，传统的砖、木、石结构逐渐被钢筋水泥和玻璃构架所代替。

最后，设计的内部和外部环境发生了变化。当标准化、批量化成为生产目的时，设计的内部评价标准就不再是"为艺术而艺术"，而是"为工业而工业"的生产。对于设计的外部环境的变化，市场的概念应运而生，消费者的需求，经济利益的追逐，成本的降低，竞争力的提高，设计的受众、要求和目的发生了变化。

10.1.2 "水晶宫"博览会

●图10-2 "水晶宫"博览会

1851年，为了炫耀英国工业的进步，英国伦敦举办了19世纪最著名的设计展览。展览场馆是由钢铁和玻璃在公园里搭建而成的，被称作"水晶宫"（图10-2）。它是由英国园艺家帕克斯顿设计的，第一次采用了玻璃和铁架结构，打破了传统建筑的格局，奠定了现代建筑的基础。"水晶宫"堪称一座真正意义的现代建筑，它不仅在技术上是一次创新，在美学上也有重要的转折意义。

"水晶宫"博览会对设计理念产生了根本影响，各种思想争论对设计界形成了强大冲击。终于在19世纪下半叶的英国引发了一场工艺美术运动，开启了现代设计运动的先河。

10.1.3 工艺美术运动

工艺美术运动是英国19世纪后期的一场设计运动。1851年在伦敦举办的世界上第一次工业产品博览会，由于展出的工业产品粗糙简陋，没有审美趣味，引起了设计家们的关注，提出了艺术与技术结合、推崇手工艺、反对机械的美学思想，从而导致了这场设计运动的进行。工艺美术运动的主要代表人物是艺术家威廉·莫里斯和理论家约翰·拉斯金。工艺美术运动首先提出了"美与技术结合"的原则，主张美术家从事设计，反对"纯艺术"等，这在设计史上有着相当重要的作用。

（1）工艺美术运动的风格特征

① 强调手工艺，明确反对机械化生产。

② 在装饰上反对矫揉造作的维多利亚风格和其他各种古典传统的复兴风格，提倡哥特风格和其他中世纪风格，讲究简单、朴实无华的良好功能。

③ 主张设计的诚实与诚恳，反对设计上的哗众取宠、华而不实的趋向。

④ 装饰上推崇自然主义、东方装饰和东方艺术的特

●图10-3 "洋蓟"图案的糊墙纸

点（图10-3）。

（2）工艺美术运动的影响

① 在英国工艺美术运动的感召下，欧洲大陆终于掀起了一场规模更加宏大、影响范围更加广泛、试验程度更加深刻的新艺术运动。

② 给后来的设计家提供了新的设计风格参考，提供了与以往所有设计运动不同的新的尝试典范。

③ 英国的工艺美术运动直接影响到美国的工艺美术运动，也对下一代的平面设计家和插图画家产生一定的影响。从本质上讲，它是通过艺术和设计来改造社会，并建立起以手工艺为主导的生产模式，这无疑是逆时代潮流而动，并没有解决大机器生产中产品形态与审美标准问题，以至于使英国设计走上了弯路。

（3）工艺美术运动的代表人物

约翰·拉斯金和威廉·莫里斯是工艺美术运动的代表人物。

● 图10-4　约翰·拉斯金

① 约翰·拉斯金（图10-4）　英国著名文艺理论家、社会评论家，英国工艺美术运动的倡导者和奠基人。他对中世纪的社会和艺术非常崇拜，对于"水晶宫博览会"中毫无节制的过度设计甚为反感。但是他将粗制滥造的原因归罪于机械化批量生产，因而竭力指责工业及其产品。他的思想基本上是基于对手工艺文化的怀旧感和对机器的否定，而不是基于大机器生产去认识和改善现有的设计面貌。反对工业化的同时，拉斯金为建筑和产品设计提出了若干准则：师承自然，从自然中汲取设计的灵感和源泉，而不是盲目地抄袭旧有的样式；使用传统的自然材料，反对使用钢铁、玻璃等工业材料；忠实于材料本身的特点，反映材料的真实质感。拉斯金把用廉价且易于加工的材料来模仿高级材料的手段斥为犯罪。

● 图10-5　威廉·莫里斯

② 威廉·莫里斯（图10-5） 英国诗人兼文艺家，19世纪英国工艺美术运动的重要代表人物，在设计史上有重要地位。1861年威廉·莫里斯成立"莫里斯设计事务所"，从事家具、刺绣、地毯、窗帘、金属工艺、壁纸、壁挂等用品的设计。莫里斯设计事务所可以说是现代设计史上第一家由艺术家从事设计、组织产品生产的公司，从而具有里程碑的意义。莫里斯因此被誉为"现代设计之父"。他在设计上强调：优秀的设计是艺术与技术的高度统一；由艺术家从事产品设计，比单纯出自技术和机械的产品要优秀得多；艺术家只有和工匠结合，才能实现自己设计的理想；手工制品远比机械产品容易做到艺术化。莫里斯的代表作品有"红屋"，见图10-6。

●图10-6　红屋

10.1.4 新艺术运动

新艺术运动是一场装饰艺术运动，约1895年从法国开始，到1910年前后逐步为现代主义运动和装饰艺术运动所取代，成为传统设计与现代设计之间一个承上启下的重要阶段。这场运动实质上是英国工艺美术运动在欧洲大陆的延续与传播，在思想理论上并没有超越工艺美术运动。新艺术运动主张艺术家从事产品设计，以此实现技术与艺术的统一。

（1）新艺术运动的特征

新艺术运动的主要特征为：强调手工艺，反对工业化；完全放弃传统装饰风格，开创全新的自然装饰风格；倡导自然风格，强调自然中不存在直线和平面，装饰上突出表现曲线和有机形态；装饰上受东方风格影响，尤其是日本江户时期的装饰风格与浮世绘的影响；探索新材料和新技术带来的艺术表现的可能性。巴黎和小城南锡是法国新艺术运动的主要集中地，所代表的是曲线式造型方式，但英国的格拉斯哥四人集团和维也纳分离派的设计样式则是以直线为主的造型方式。新艺术运动的风格在各国之间有很大差异，在德国称为"青年风格"，在奥地利称为"维也纳分离派"。但各国在设计上追求创新、探索和开拓新的艺术精神是一致的。准确地说，新艺术运动是一场运动而不是一种风格。图10-7所示为这场运动代表人物之一的爱德华·蒙克的作品。

●图10-7　爱德华·蒙克 作品
《呐喊》，1893年

（2）新艺术运动的代表流派

① 南锡的新艺术运动　法国南部的南锡是19世纪法国新艺术运动的一个重要中心。以家具设计和制作为主，代表人物是艾米尔·盖勒（Emile Galle，1846—1904）。他是一位家具设计师，有着丰富的家具设计和生产经验，致力于把家具设计和生产结合起来。艾米尔·盖勒的设计风格深受东方工艺的影响，在装饰图案样式、木料镶嵌技艺等方面明显带有日本和中国家具工艺的特征（图10-8）。他最早提出产品"形式与功能"之间的关系，认为自然的风格、自然的纹样应该是设计师的灵感之源，设计的装饰主题必须与设计的功能相一致，这在设计史上有极其重要的意义。1901年，艾米尔·盖勒创建了南锡艺术工业地方联盟学校，培养了一批优秀的设计师。

●图10-8　艾米尔·盖勒家具及玻璃作品

151

●图10-9　麦金托什故居卧室内景

② 格拉斯哥学派　格拉斯哥学派是19世纪末20世纪初以英国格拉斯哥艺术学院为中心的松散的学派，该学派由于以麦金托什及其妻子马格里特·麦克唐那、妻子的妹妹弗朗西斯·麦克唐那、妹夫赫伯特·麦克奈尔四人为中心，因而又称为"格拉斯哥四人派"运动的一个重要的发展分支。从大量的作品来看，格拉斯哥学派的设计风格集中地反映在装饰内容和手法的运用上。具体而言，表面装饰遵循严格的线条图案以及格子和风格化的玫瑰形；配色柔和，主要限于淡橄榄色、淡紫色、乳白色、灰色和银白色构成的清淡优美的色彩；装饰线条虽趋于稳定，但其视觉效果也不会变化，大多数表面图案抽象复杂，象征形态点缀其间。图10-9所示为麦金托什故居的卧室内景。

③ 德国"青年风格"　德国的新艺术运动又称为"青年风格"，因1896年德国艺术批评家朱利·梅耶格拉佛创办的周刊《青年》杂志而得名。"青春风格"组织的活动中心设在慕尼黑，这是新艺术转向功能主义的一个重要步骤。正当新艺术在比利时、法国和西班牙以应用抽象的自然形态为特色，向着富于装饰的自由曲线发展时，在"青春风格"艺术家和设计师的作品中，蜿蜒的曲线因素第一次受到节制，并逐步转变成几何因素的形式构图。雷迈斯克米德（Richard Riemerschmid，1868—1957）是"青春风格"的重要人物，他于1900年设计的餐具（图10-10）标志着一种对于传统形式的突破，一种对于餐具及其使用方式的重新思考，迄今仍不失其优异的设计质量。在德国设计由古典走向现代的进程中，达姆施塔特（Darmstadt）艺术家村起到了极其重要的作用。达姆施塔特是德国黑森州的一个小城，1899—1914年，黑森州的最后一任大公路德维希（Grand Duke Ernst Ludwig Ⅱ）为了促进该州的出口，在达姆施塔特的玛蒂尔德霍尔（Mathildenhohe）高地建立了艺术家村（Künstlerkolonie），网罗了德国以及欧洲其他国家的建筑师、艺术家和设计师，其中有著名的奥地利建筑师奥布里奇（Joseph M.Olbrich，1867—1908）和德国设计师

贝伦斯，他们主要从事产品设计工作。艺术家村很快成为德国乃至欧洲新艺术的中心，其目的是创造全新的整体艺术形式，将生活中所有的方面：建筑、艺术、工艺、室内设计、园林等形成一个统一的整体。贝伦斯也是"青春风格"的代表人物，他早期的平面设计受日本水印木刻的影响，喜爱荷花、蝴蝶等象征美的自然形象，但后来逐渐趋于抽象的几何形式，这标志着德国的新艺术开始走向理性。贝伦斯于1901年设计的餐盘完全采用了几何形式的构图（图10-11）。

新艺术在美国也有回声，其代表人物是蒂芙尼（L.C.Tiffany，1848—1933），他擅长设计和制作玻璃制品，特别是玻璃花瓶（图10-12）。他的设计大多直接从花朵或小鸟的形象中提炼而来，与新艺术从生物中获取灵感的思想不谋而合。

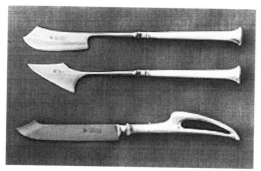

● 图10-10　雷迈斯克米德设计的餐具

● 图10-11　贝伦斯于
1901年设计的餐盘

● 图10-12　蒂芙尼
设计的玻璃花瓶

④ 维也纳分离派　维也纳分离派成立于1897年，成员主要来自维也纳派，大多数是建筑师奥托·瓦格纳的学生，还包括建筑家、手工艺设计家、画家，因标榜与传统和正统艺术分道扬镳，故称分离派。其作品和艺术馆分别见图10-13、图10-14。风格特征：造型简洁明快，注重简单直线，主张功能主义与有机形态的结合，简单几何外形和流畅的自然造型结合。在理论方面，奥托·瓦格纳是代表人物。维也纳分离派虽然追求把艺术、优秀设计与生活密切联系，但在实际设计中，与这种目标有很大的距离。主要表现在：在工业生产极端发达的社会背景下，没有关心工业生产中艺术的问题，以及艺术与机器生产的关系；设计材料与工艺昂贵，无法大众化；对简洁和抽象形式的追求在本质上没有脱离新艺术运动的风格，没有真正把设计形式与功能结合起来。

●图 10-13　维也纳分离派绘画大师克里姆特（Gustav Klimt）作品

●图 10-14　维也纳分离派艺术馆

（3）新艺术运动的代表人物

①吉马德　法国新艺术的代表人物是吉马德（Hector Guimard，1867—1942）。19世纪90年代末至1905年间是他作为法国新艺术运动重要成员进行设计的重要时期。吉马德最有影响的作品是他为巴黎地铁所作的设计（图10-15）。这些设计赋予了新艺术最有名的戏称——"地

铁风格"。"地铁风格"与"比利时线条"颇为相似，即所有地铁入口的栏杆、灯柱和护柱全都采用了起伏卷曲的植物纹样。吉马德于1908年设计的咖啡几（图10-16）也是一件典型的新艺术设计作品。

●图 10-15　吉马德设计的巴黎地铁站入口

●图 10-16　吉马德于
1908年设计的咖啡几

② 查尔斯·麦金托什　英国格拉斯哥学派的核心人物，是新艺术运动产生的全面设计师的典型代表。麦金托什的设计领域十分广泛，涉及建筑、家具、玻璃器皿等（图10-17、图10-18），同时也是一位出色的画家。设计思想：偏爱几何形态和有机形态的混合运用，简单

●图 10-17　麦金托什于1919年设计的座钟

●图 10-18　麦金托什设计的高背椅

155

而具有高度装饰的味道；主张利用直线和黑白色彩，探索机械化批量生产中的艺术处理问题。麦金托什的探索为机械化、批量化、工业化的形式奠定了基础。可以说麦金托什是联系新艺术运动中的手工艺运动和现代主义运动的关键过渡性人物。他的一系列探索对德国"青年风格"和维也纳分离派的影响非常大，为现代主义设计的发展做了有意义的铺垫。格拉斯哥艺术学院是其建筑设计的代表作。

③ 彼得·贝伦斯　新建筑运动的早期领袖，德国现代主义设计艺术的先驱，"青年风格"的代表人物。彼得·贝伦斯是德国现代设计的奠基人，被称为"德国现代设计之父"。彼得·贝伦斯为德国AEG公司设计了世界上第一个企业形象，并设计了透平机工厂厂房，在现代主义建筑设计中具有里程碑意义。贝伦斯的其他作品如图10-19、图10-20所示。他主张的设计思想为：从功能出发，基本抛弃了烦琐的装饰，强调简洁、功能良好的外形和结构。在注重功能与技术表现的基础上，追求设计形式的简洁。在产品设计上大胆采用新技术、新材料，以标准化为基础，实现批量化生产。建筑设计上摆脱了传统建筑形式，创造性地采用了新技术、新材料，为现代建筑树立了典范，培养了现代设计的三巨头：格罗皮乌斯、密斯·凡德罗、勒·柯布西耶。

●图10-19　彼得·贝伦斯为AEG公司设计的电风扇

●图10-20　彼得·贝伦斯1907年为
AEG公司设计的电灯设计

④ 安东尼奥·高迪　阴差阳错，在整个新艺术运动中最引人注目、最复杂、最富天才和创新精神的人物出现于一个与英国文化和趣味相距甚远的国度，他就是西班牙建筑师高迪（Antonio Gaudi 1852—1926）。虽然他与比利时的新艺术运动并没有渊源，但在方法上却有一致之处。他以浪漫主义的幻想，极力使塑性艺术渗透到三度空间的建筑之中。他吸取了东方

的风格与哥特式建筑的结构特点，并结合自然形式，精心研究着他独创的塑性建筑。西班牙巴塞罗那的米拉公寓（图10-21）便是一个典型的例子。米拉公寓的整个结构由一种蜿蜒蛇曲的动势所支配，体现了一种生命的动感，宛如一尊巨大的抽象雕塑。但由于未采用直线，在使用上颇有不便之处。另外，西班牙新艺术家具设计也有这种偏爱强烈的形式表现而不顾及功能的倾向。

●图10-21　高迪于1906～1910年设计的巴塞罗那米拉公寓

其中圣家族教堂（图10-22）是一个由宗教组织"圣约瑟祈祷者联盟"于1881年委托西班牙建筑师安东尼奥·高迪设计建造的教堂。圣家族教堂始建于1884年，由于财力不足，多次停

●图10-22　圣家族教堂

工。教堂的设计主要模拟中世纪哥特式建筑样式，原设计有12座尖塔，最后只完成4座。尖塔虽然保留着哥特式的韵味，但结构已简洁很多，教堂内外布满钟乳石式的雕塑和装饰件，上面贴以彩色玻璃和石块，宛如神话中的世界。设计上基本没有遵循任何古典教堂形式的设计风格，具有强烈的雕塑艺术特征。

10.2　装饰艺术运动与现代设计的萌起

10.2.1 装饰艺术运动

　　装饰艺术运动是20世纪20～30年代在法国、英国和美国等国家开展的一场设计艺术运动。它具有工艺和工业化的双重特点，采用折中主义立场，设法把豪华、奢侈的工艺制作与代表未来的工业化合二为一，以此产生一种新风格（图10-23）。它的风格特征体现为：主张采用新材料，主张机械美，采用大量的新的装饰手法使机械形式及现代特征变得更加自然和华贵；其造型语言表现为采用大量几何形、绚丽的色彩，以及表现这些效果的高档材料。这次艺术运动的风格追求华丽的装饰，以满足人们对产品形式美感的需求，但其性质仍是一场形式主义的运动，是一场承上启下的国际性设计运动。装饰艺术运动受到同时产生的欧洲现代主义运动的影响，但它强调为上层顾客服务，与强调设计的社会效用的现代主义立场大

●图10-23　装饰艺术风格的家具

相径庭。装饰艺术运动依旧是一种精英主义设计，不是真正的大众化、民主化的设计。

10.2.2 德国工业同盟

　　在赫尔曼·穆特修斯的倡议下，1907年10月成立了旨在促进设计的半官方机构——德国工业同盟。其成员包括了制造商、建筑家和工艺家。德国工业同盟把工业革命和民主革命所

改变的社会当作不可避免的现实来客观接受,并利用机械技术开发满足需要的产品。德国工业同盟成立后出版年鉴,开展设计活动,参与企业设计,举办设计展览,尤其具有意义的是他们有关设计的标准化和个人艺术性的讨论,持这两种观念的代表分别是穆特修斯和亨利·凡·德·威尔德。1914年,穆特修斯极力强调产品的标准化,主张"一切活动都应朝着标准化来进行"(其设计见图10-24)。而威尔德则认为艺术家本质上是个人主义者,不可能用标准化抑制他们的创造性,若只考虑销售就不会有优良品质的制作。这两种观念代表了工业化发展期间人们对现代设计的认识。同盟的中心人物实践者是彼得·贝伦斯,他受聘为德国通用电器公司的设计顾问,为公司设计了厂房、电器、标志、海报及产品说明书等,他的设计(图10-25)极好地诠释了现代设计的理念,这使他成为工业设计史上第一个工业设计师。

● 图10-24 穆特修斯于1907 ~ 1908年设计的弗罗伊登贝格住宅

● 图10-25 贝伦斯于1910年设计的电钟

10.2.3 荷兰风格派

风格派源于荷兰绘画艺术风格,但它对设计界的影响巨大,被看作是现代主义设计中的重要表现形态之一。荷兰风格派运动,既与当时的一些主题鲜明、组织结构完整的运动,比如立体主义、未来主义、超现实主义运动不同,并不具有完整的结构和宣言,同时也与类似包豪斯设计学院那样的艺术与设计的院校完全不同。风格派是荷兰的一些画家、设计家、建筑师在1917 ~ 1928年组织起来的一个松散的集体,其中主要的促进者及组织者是杜斯堡,而维系这个集体的中心是这段时间出版的一份名为《风格》的杂志。他的现代艺术思想是:发展出一种中性的、理性的、现代的风格;把传统的建筑、家具、绘画和雕塑及平面设计的特征变成基本的几何结构单体;反复运用基本原色和中性色。风格派设计所强调的艺术与科学紧密结合的思想和结构第一的原则,为以包豪斯为代表的现代主义设计运动奠定了思想基础。风格派设计的代表作有《风格》杂志的封面设计、蒙德里安的《红黄蓝》(图10-26)、里特维德设计的红蓝椅(图10-27)。

● 图 10-26　荷兰风格派画家
蒙德里安代表作品《红黄蓝》

● 图 10-27　里特维德设计的红蓝椅

10.2.4　俄国构成主义

　　构成主义设计运动是十月革命胜利以后，在苏联的一批激进知识分子当中产生的前卫艺术运动和设计运动，是在立体主义影响下派生出来的艺术流派。构成主义设计运动的特点：赞美工业文明，崇拜机械结构中的构成方式和现代工业材料；主张用形式的功能作用和结构的合理性来代替艺术的形象性；强调设计为无产阶级政治服务；构成主义以结构为设计的出发点，通过抽象的手法，探索事物的实用性以及新技术条件下产品设计和技术如何结合的新问题，对新的设计语言的产生和现代工业的发展具有革命性的影响。构成主义设计运动的主要代表人物有埃尔·里希斯基、弗拉基米尔·塔特林（代表作品见图10-28、图10-29）、卡西米尔·马列维奇。

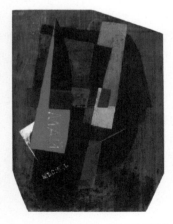

● 图 10-28　塔特林《绘画浮雕》

● 图 10-29　塔特林设计的第三国际塔

10.3 现代设计运动先锋——包豪斯

包豪斯是1919年在德国魏玛成立的一所设计学院，这也是世界上第一所推行现代设计教育、有完整的设计教育宗旨和教学体系的学院，其目的是培养新型设计人才。包豪斯于1933年关闭。包豪斯的建立与发展是拉斯金、莫里斯及后来的德国工业同盟以来的优秀设计思想与20世纪欧洲经济发展的必然结果，它的出现对现代设计理论、现代主义设计教育和实践，以及后来的设计美学思想，都具有划时代意义。

10.3.1 核心的设计思想

包豪斯经过设计实践，形成了重视功能、技术和经济因素的正确的设计观念，其设计思想的核心为：坚持艺术与技术的新统一；设计的目的是人而不是产品；设计必须遵循自然与客观的法则进行。这些观点对现代工业设计的发展起到了积极作用，使现代设计逐步由理想主义走向现实主义，即用理性的、科学的思想来替代艺术上的自我表现和浪漫主义。包豪斯的历史虽然比较短暂，但在设计史上的作用是重要的。

现代设计运动的蓬勃兴起对传统的设计教育体系提出了新的课题，把20世纪以来在设计领域中产生的新概念、新理论、新方法与20世纪以来出现的新技术、新材料的运用，融入一种崭新的设计教育体系之中，创造出一种适合工业化时代的现代设计教育形式，这也是新时代提出的新任务。真正完成这一使命的就是包豪斯。包豪斯培养了整整一个时代的建筑和设计人才，也培育了整整一个时代的建筑和设计风格，被誉为"现代设计的摇篮"。

包豪斯在设计教学中贯彻的方针、方法：

① 在设计中提倡自由创造，反对模仿因袭、墨守成规；

② 将手工艺与机器生产结合起来，提倡在掌握手工艺的同时，了解现代工业的特点，用手工艺的技巧创作高质量的产品，并能供给工厂大批量生产；

③ 强调基础训练，从现代抽象绘画和雕塑发展而来的平面构成、立体构成和色彩构成等基础课程成了包豪斯对现代工业设计作出的最大贡献之一；

④ 实际动手能力和理论素养并重；

⑤ 把学校教育与社会生产实践结合起来。

10.3.2 包豪斯的深远影响

包豪斯对于现代设计乃至人类文明创造的贡献是巨大的，特别是它的设计教育有着深远的影响，其教育体系至今仍被世界大多数国家沿用。

① 包豪斯创立的设计教育体系奠定了现代设计教育的结构基础，伊顿创立的基础课使视觉教育建立在科学的基础之上，而不是个人的感觉基础之上。

② 包豪斯确立了以人为中心、以理性主义为基础的设计观。

③ 在设计观念上，包豪斯建立了以解决问题为中心的设计体系，成为现代设计的理念核心。

④ 包豪斯采用现代材料和标准化生产方式，奠定了现代工业产品设计的基本面貌。

⑤ 包豪斯开始建立与工业界、企业界的联系，使学生体验工业生产和设计之间的关系，开创了设计教育与工业生产联系的先河。例如，马歇尔·布鲁耶设计的钢管桌（图10-30），由柏林的家具厂商大批投入生产，同时马歇尔·布鲁耶还为柏林的费德尔家具设计标准化的家具，这种标准化的家具生产方式为现代大批量的工业化的家具制作奠定了基础。

●图10-30　马歇尔·布鲁耶设计的钢管桌

⑥ 包豪斯的设计原则后来被奉为经典现代主义，成为20世纪90年代兴起的新现代主义的典范。

⑦ 1973年以后，包豪斯的大师们先后来到美国，对美国的现代主义设计产生了巨大影响。其后，美国的现代主义设计演变成国际主义风格，并进一步影响到全世界。

包豪斯培养出的杰出建筑师与设计师把20世纪建筑与设计推向了一个新的高度，相比之下，包豪斯设计出来的实际工业产品在范围或数量上都并不显著，包豪斯的影响不在于它的实际成就，而在于它的精神，包豪斯的思想一度被奉为现代主义的经典。

但同时随着对包豪斯研究的深化，它的局限性也逐渐为人们所认识。例如包豪斯为了追求新的、工业时代的表现形式，在设计中过分强调抽象的几何造型，从而走上了新的形式主义道路，有时甚至破坏了产品的使用功能。另外，严格的几何造型和对工业材料的追求使产品具有一种冷漠感，缺少人情味。对于包豪斯最多的批评是针对"国际风格"的。尽管格罗皮乌斯反对任何形式的风格，但由于包豪斯主张与传统决裂并倡导几何风格，对各国建筑与设计的文化传统产生了巨大冲击，从事实上消解了设计的地域性、民族性，各个国家、各个民族的历史文脉被彻底割裂，因而受到有设计良心和社会责任感的人们的广泛批评。

10.3.3 包豪斯时期的代表人物

（1）瓦尔特·格罗皮乌斯

著名建筑师，德国工业同盟的主要成员，现代主义建筑流派的代表人物之一，包豪斯的创办人，设计艺术教育家与活动家（图10-31）。1910～1914年自己独立创办了建筑设计事务所，在此期间与汉斯·迈耶合作设计了著名的法古斯鞋楦工厂（图10-32），这也是欧洲第一座真正玻璃结构的建筑。1925年，包豪斯迁到德绍后，他设计了新校舍（图10-33）。他主张设计与工艺的统一，艺术与技术的统一；注重全面提高人类生活环境质量的系统化设计；强调功能、技术与经济效益；强调批量化、机械化、标准化、大众化；将理性主义与功能主义相结合。代表作品有法古斯鞋楦工厂、包豪斯德绍校舍、哈佛大学研究生中心（图10-34）等。

●图10-31　瓦尔特·格罗皮乌斯

●图10-32　法古斯鞋楦工厂

163

● 图 10-33　包豪斯德绍校舍

● 图 10-34　哈佛大学研究生中心

● 图 10-35　1909 年第一幅
抽象作品《即兴创作》

（2）瓦西里·康定斯基

　　康定斯基，画家、美学家、音乐家、诗人和制作家，抽象主义美术和美学的奠基人，长期活跃于欧洲众多国家。康定斯基是现代抽象艺术理论和实践的奠基人。他的《论艺术精神问题》《关于形式问题》《点·线·面》等都是抽象主义艺术理论的经典之作，他的抽象作品见图 10-35 ~ 图 10-37。康定斯基到包豪斯后，建立了自己的独特的基础课。他开设了"自然的分析与研究""分析绘画"等课程。其教学完全是从抽象的色彩与形体开始的，然后把这些抽象的内容与具体的设计结合起来。他对包豪斯基础课的主要贡献体现在"分析绘画"和"色彩与形体的理论研究"两个方面。包豪斯的基础课程是在 1925 年迁到德绍之后才逐渐建立起来的，而这与康定斯基的工作是分不开的。

● 图 10-36　1910 年《第一幅水彩抽象画》

● 图 10-37　《光之间》

（3）莫霍里·纳吉

纳吉出生于匈牙利，早年以绘画和平面设计为主。纳吉于1921年来到包豪斯，1923年接替伊顿的职务，负责包豪斯的基础课程教学。纳吉强调形式和色彩的理性认识，注重点、线、面的关系，通过实践，使学生了解如何客观地分析二维空间的构成，并进而推广到三维空间的构成上，这就为设计教育奠定了"三大构成"的基础，也意味着包豪斯开始由表现主义转向理性主义。与此同时，纳吉也在金属制品车间担任导师，致力于用金属与玻璃结合的办法教育学生从事实习，为灯具设计开辟了一条新途径，在这里出现了许多包豪斯最有影响的作品。他努力把学生从个人艺术表现的立场转变到比较理性的认识，科学地了解和掌握新技术和新媒介，他指导学生制作的金属制品都具有非常简单的几何造型，同时也具有明确、恰当的功能特征和性能。包豪斯解散后，纳吉于1937年在美国芝加哥成立了新包豪斯，作为原包豪斯的延续，他将一种新的方法引入了美国的创造性教育。新包豪斯后来与伊利诺伊理工学院合并。图10-38是纳吉为《包豪斯丛书》的广告说明设计的封面。

●图10-38　纳吉为《包豪斯丛书》的广告说明设计的封面

10.4　现代主义之后的设计

10.4.1 国际主义设计

现代主义经过在美国的发展成为第二次世界大战后的国际主义风格。这种风格在20世纪60～70年代发展到登峰造极的地步，影响了世界各国的设计。国际主义设计具有形式简单、反装饰性、系统化等特点，设计方式上受"少即是多"原则影响较深，20世纪50年代下半期发展为形式上的减少主义。从根源上看，美国的国际主义与战前欧洲的现代主义运动是同源的，是包豪斯领导人来到美国后发展出的新的现代主义。但从意识形态上看，二者却有很大差异，现代主义的民主色彩、乌托邦色彩荡然无存，变为一种单纯的商业风格，变成了"为形式而形式"的形式主义追求，如由米斯·凡·德·罗和菲利普·约翰逊设计的西格拉姆大厦（图10-39）。20世纪80年代以后国际主义开始衰退。其产品简单理性、缺乏人情味、风格单一、漠视功能的特性引起青年一代的不满是国际主义式微的主要原因。

● 图10-39　米斯·凡·德·罗和菲利普·约翰逊设计的西格拉姆大厦

10.4.2 后现代主义设计

20世纪60年代以后，西方一些国家相继进入了"丰裕型社会"，注重功能的现代设计的一些弊端逐渐显现出来，功能主义在20世纪50年代末期遭到质疑，进而发展到了严重的减退程度。生活富裕的人们再也不能满足功能所带来的有限价值，而需要更多更美更富装饰性和人性化的产品设计，这催生了一个多元化设计时代的到来。1977年，美国建筑师、评论家查尔斯·詹克斯在《后现代建筑语言》一书中将这一设计思潮明确称作"后现代主义"。

后现代主义的影响首先体现在建筑领域，而后迅速波及其他领域，如文学、哲学、批评理论及设计领域。一部分建筑师开始在古典主义的装饰传统中寻找创作的灵感，以简化、夸张、变形、组合等手法，采用历史建筑及装饰的局部或部件作为元素进行设计。后现代主义最早的宣言是美国建筑师文丘里于1966年出版的《建筑的复杂性与矛盾性》一书。文丘里的建筑理论"少就是乏味"的口号与现代主义"少即是多"的信条针锋相对。另一位后现代主义的发言人斯特恩把后现代主义的主要特征归结为三点：文脉主义、隐喻主义和装饰主义。他强调建筑的历史文化内涵、建筑与环境的关系和建筑的象征性，并把装饰作为建筑不可分割的部分。后现代主义在20世纪70～80年代的建筑界和设计界掀起了轩然大波。在产品设计界，后现代主义的重要代表是意大利的"孟菲斯"设计集团。针对现代主义后期出现的单调的、缺乏人情味的、理性而冷酷的面貌，后现代主义以追求富于人性的、装饰的、变化的、个人的、传统的、表现的形式，塑造多元化的设计特征。

图10-40是文丘里为其母亲设计的栗子山庄别墅。该住宅采用坡顶，它是传统概念中可以遮风挡雨的符号。主立面总体上是对称的，细部处理则是不对称的，窗孔的大小和位置是根

据内部功能的需要决定的。山墙的正中央留有阴影缺口，似乎将建筑分为两半，而入口门洞上方又装饰弧线似乎有意将左右两部分连为整体，成为互相矛盾的处理手法。平面的结构体系是简单的对称，功能布局在中轴线两侧则是不对称的。中央是开敞的起居厅，左边是卧室和卫浴，右边是餐厅、厨房和后院，反映出古典对称布局与现代生活的矛盾。楼梯与壁炉、烟囱互相争夺中心则是细部处理的矛盾，解决矛盾的方法是互相让步，烟囱微微偏向一侧，楼梯则是遇到烟囱后变狭，形成折中的方案，虽然楼梯不顺畅但楼梯加宽部分的下方可以作为休息的空间，加宽的楼梯也可以放点东西，二楼的小暗楼虽然也很别扭但可以擦洗高窗。既大又小指的是入口，门洞开口很大，凹廊进深很小。既开敞又封闭指的是二层后侧，开敞的半圆落地窗与高大的女儿墙。文丘里自称是"设计了一个大尺度的小住宅"，因为大尺度在立面上有利于取得对称效果，大尺度的对称在视觉效果上会淡化不对称的细部处理。平面上的大尺度可以减少隔墙使空间灵活、经济。

● 图10-40　罗伯特·文丘里为其母亲设计的栗子山庄别墅

10.4.3 高技术风格

高技术风格源于20世纪20～30年代的机器美学，反映了当时以机械为代表的技术特征。其实质是把现代主义设计的技术因素提炼出来，加以夸张处理，形成一种符号的效果，赋予工业结构、工业构造和机械部件以一种新的美学价值和意义，表现出非人情化和过于冷漠的特点。高技术风格是现代技术在设计艺术中应用的具体体现，其特征是强调技术特征和商品味，首先表现在建筑领域，而后发展到产品设计之中。高技术风格最为轰动的作品是英国建筑师皮阿诺和罗杰斯设计的巴黎蓬皮杜国家艺术和文化中心（图10-41）。

● 图 10-41　巴黎蓬皮杜国家艺术和文化中心

10.4.4 波普风格

　　波普风格又称"流行风格"，它代表着20世纪60年代工业设计追求形式上的异化及娱乐化的表现主义倾向。从设计上来说，波普风格并不是一种单纯的、一致性的风格，而是多种风格的混杂。它追求大众化的、通俗的趣味，在设计中强调新奇与独特，并大胆采用艳俗的色彩。波普艺术设计产生于20世纪50年代中期，一群青年艺术家有感于大众文化的兴趣，而以社会生活中最大众化的形象作为设计表现的主题，以夸张、变形、组合等诸多方法从事设计，形成特有的流派和风格。其作品见图10-42 ～ 图10-44。波普艺术设计的主要活动中心在英国和美国，反映了第二次世界大战后成长起来的青年一代的社会与文化价值观和力图表现自我、追求标新立异的心理。波普设计打破了第二次世界大战后工业设计局限于现代国际主义风格而过于严肃、冷漠、单一的面貌，代之以诙谐、富于人性和多元化的设计，它是对现代主义设计风格的具有戏谑性的挑战。设计师在室内、家具、服饰等方面进行了大胆的探索和创新，其设计挣脱了一切传统束缚，具有鲜明的时代特征。其市场目标是青少年群体，迎合了青年的桀骜不驯、玩世不恭的生活态度及其标新立异、用毕即弃的消费心态。由于波普风格缺乏社会文化的坚实依据，很快便消失了。波普风格设计的本质是形式主义的，它违背了工业生产中的经济法则、人机工程学原理等工业设计的基本原则，因而昙花一现。但是波普设计的影响是广泛的，特别是在利用色彩和表现形式方面为设计领域吹进了一股新鲜空气。

●图10-42　波普艺术风格服饰

●图10-43　波普艺术风格室内装修　●图10-44　波普艺术风格海报

10.4.5 解构主义风格

解构主义是对正统原则、正统秩序的批判与否定。它从"结构主义"中演化而来，其实是对"结构主义"的破坏和分解。解构主义风格的特征是把完整的现代主义、结构主义、建筑整体破碎处理，然后重新组合，形成破碎的空间和形态。解构主义是具有很大个人性、随意性的表现特征的设计探索风格，是对正统的现代主义、国际主义原则和标准的否定和批判。代表人物：弗兰克·盖里和彼得·艾森曼。代表作品见图10-45 ～图10-47。

● 图10-45　弗兰克·盖里设计的迪斯尼音乐厅

10.4.6 新现代主义风格

20世纪60年代后，设计领域出现了一种复兴20世纪20 ～ 30年代的现代主义，它是一种对于现代主义进行重新研究和探索发展的设计风格，它坚持了现代主义的一些设计元素，并在此基础上又加入了新的简单形式的象征意义。因此，新现代主义风格既具有现代主义严谨的功能主义和理性主义特征，又具有独特的个人表现。

新现代主义风格有着现代主义简洁明快的特征但不像现代主义那样单调和冷漠，而是带点后现代主义活泼的特色，是一种变化中有严谨、严肃中见活泼的设计风格。这种独特的设计风格在20世纪60 ～ 70年代极为流行的同时也

● 图10-46　意大利维罗纳Castelvecchio博物馆庭院景观设计

● 图10-47　公共候车亭设计

深深影响了后来的设计界，以至于其在当代的一些展览展示设计中依然得到追捧。

新现代主义风格所强调的是几何形结构以及白色的、无装饰的、高度功能主义形式的设计风格。在现代的一些展览展示设计中，这种设计风格被广泛借鉴和利用，比如苏州博物馆（图10-48）的设计，它的建造成为苏州著名的传统而不失现代感的建筑。苏州博物馆的整个屋顶由各种简单的几何形方块组成，

●图10-48　苏州博物馆

看似比较单调，给人一种冷冷的感觉，但设计师将这些看似死板的几何形方块运用科技的力量打造出了一种奇妙的几何形效果，有趣活泼，摆脱了呆板的现状，而且玻璃屋顶与石屋顶的有机结合，金属遮阳片与怀旧的木架结构的巧妙使用，将自然光线投射到馆内展区，既方便了参观者，又营造了一种"诗中有画，画中有诗"的意境美，这充分体现了新现代主义风格所追求的功能主义审美倾向。除此之外，博物馆的外观上无太多装饰，大部分采用苏州当地住宅的特色，白墙灰砖，原始自然，使原本生硬的几何造型平添了几分诗意。

作为一个文化展览的平台，苏州博物馆的设计无论是在外观上还是内部结构上都符合作为一个文化展览展示平台所应具备的特征，同时也有效地向公众展现了苏州当地的历史文化，这样具有新现代主义风格特征的设计打破了传统展览展示的模式，新颖大胆且富有创意，所以说，苏州博物馆的设计是新现代主义风格的典型产物。

10.5　不同国家的设计发展

20世纪初，自德国开始倡导工业设计的活动之后，英国、法国、意大利等工业进步的国家也纷纷开始推动工业设计的政策，并在第二次世界大战后流传到美国、加拿大及亚洲的日本和韩国。在20世纪中期，工业设计已渐渐立足于当代的工业社会，它应用了工业生产的技术与新型材料，并考虑使用者本身需求，为使用者的各种需求条件量身定做。一般以强大工业为基础的国家，发展工业设计的脚步就非常快，因为当时的设计产物，都以量产的方式，即以工业制造生产商品和生活用品。表10-1对近代各大工业国的工业设计特色现况进行了详述。

表10-1　近代各大工业国的工业设计特色

德国设计	借由强大的工业基础，将工业生产的观念带进了设计的标准化理念，成功地将设计活动推向现代化。包豪斯时期，将工业设计的理念延续，融合了艺术元素；将"美学"的概念带入了设计，除了改进标准化之外，更加强了功能性的需求
意大利设计	流线型风格，细腻的表面处理创造出一种更为优美、典雅、独特的具有高度感、雕塑感的产品风格，表现出积极的现代感。其形态充满了国家的文化特质，以鲜艳的色彩搭配了中古时期优雅的线条
英国设计	在产品设计上，传统的皇室风格是他们的设计守则，其特色多为展示视觉的荣耀、尊贵感，从他们的器皿、家具、服饰都可以看得出来，精美的手工纹雕形态，以及曲线和花纹的设计，透露出保守的作风
北欧设计	北欧设计究竟美在哪里？最简单的说法，就是那从生活中的每一个动作或是地方让生活里的每一件平凡事物变成美丽的态度；最终目的是在追求美的表现与优质生活，无论是餐厅侍者的动作或谈吐，还是街上的垃圾场或候车亭，简单朴实又都重视品味，不过分追求装饰。服饰、建筑、公共艺术、餐厅内部、杯子、椅子等大大小小的每一样事物都有经过精心的设计考虑，甚至于医院排队领药的过程也有设计，一切都是在追求最美的感受
美国设计	有流线型所遗留下来的自由风格，并学习了德国的功能主义，产品中强化功能性的操作接口，由于有着深厚的科技与工业技术底蕴，着重于材料与技术的改良，并持续地发展整合性的产品。到了2000年后，尤其是引进了数字科技之后，在电子、生活产品设计上，创造了许多新的面貌，并强调智慧型与人性化的界面设计，苹果电脑就是一个相当成功的例子
日本设计	源自传统的工艺与文化形态，追求简朴、自然，对童稚的纯真这一最基本的元素注入了更多的创意。在处理造型设计上不仅注重外观，更能以严谨、内敛的细腻与雅致的态度进行在产品造型的创新，让传统的文化工艺美学重新得到了消费者的尊重与喜好。知名的设计师包括有喜多俊之、原研哉、深泽直人、安藤忠雄等
韩国设计	在韩国人传统严格的伦理阶级上，多了强调不断创新、讲究效率的西方管理风格的企业文化，并且在产品设计加入了时尚的元素，提升了设计的品位，在服装、汽车、消费电子产品方面的设计已经能够自己经营、规划品牌和营销

10.5.1 德国设计

德国素有"设计之母"的称号，是催生现代设计最早的国家之一，德国也是全世界先进国家中最致力于推动设计的国家。德国设计史主要包括三个阶段：德国工作联盟（The Deutsche Werkbu）、包豪斯（Bauhaus, 1919—1933）和乌尔姆设计学院（Ulm Design School，德文缩写为HfG）。在第一次世界大战前的1907年，德国工作联盟已开始发展设计，它借由强大的工业基础，将工业生产的观念带进了设计的标准化理念，成功地将设计活动推向现代化。

到了包豪斯时期，更将工业设计的理念延续，并融入了艺术元素；而他们将美学的概念带入设计，除了改进标准化之外，更加强了功能性的需求。德国在第二次世界大战战后，努力复兴他们先前在设计上的努力。在工程方面，机械形式加速标准化和系统化是设计师和制造商的最爱。技术美学思想发展最快的是在20世纪50年代的乌尔姆设计学院，其确立了德国在第二次世界大战后出现"新机能主义"的基础。该校师生所设计的各种产品，都具备了高度形式化、几何化、标准化的特色，其所传达的机械美学，确实继承了包豪斯的精神，并将功能美学持续发展。除此之外，它还引入了人因工程和心理感知的因素，使设计出的产品更合乎人性化的原则，形成高质量的设计风格。

德国的设计教育理念，更影响到世界各地。由于受到包豪斯的影响，战后德国的设计活动复苏得很快，并秉持着现代主义的理性风格，以及基于系统化、科技性及美学的考虑，其产品形态多以几何造型为主，例如布朗公司（Braun）所生产的家电产品就是以几何形为设计风格。德国的设计对工业材料的使用相当谨慎，他们不断地研究新生产技术，以技术的优点来突破不可能的设计瓶颈，并以工业与科技的结合带领设计的发展与研究，此种风格也影响到后来日本的设计形式。而乌尔姆设计学院和电器制造商布朗（Braun）的设计关系密切，它们奠定了德国新理性主义的基础。

1956年布朗公司推出了著名的SK4唱机（被称为白雪公主的棺材，图10-49），它的设计者便是我们熟知并且敬仰的德国工业设计大师迪特·拉姆斯。不久，迪特·拉姆斯便成为布朗最具影响力的设计师并且领导布朗的设计队伍近30年之久，很多他当时的设计作品现在已经被现代艺术博物馆永久珍藏。

●图10-49　SK4唱机

　　其旗下的钟表部门于2014年初推出了"BN0111"新款运动手表（图10-50）。该手表采用20世纪70年代的复古风格与鲜艳的配色，表盘秉承了德国简洁的设计美学，并具有160英尺（1英尺＝0.3048米）深度的防水特性以及多功能小表盘设计。

●图10-50　"BN0111"新款运动概念腕表系列

　　由乌尔姆设计学院引领的理性设计理论，将数学、人因工程、心理学、语意学和价值工程等严谨的科学知识应用到实务设计方法上，这是现代设计理论最重要的改革发展，也深受欧美各国的赞赏，并纷纷采用。至今，德国所设计的汽车、光学仪器、家电用品、机械产品、电子产品，受到全世界消费者的喜爱，这都要归功于早期设计拓荒者对于德国设计运动的贡献。

德国的工业企业一向以高质量的产品著称世界，德国产品代表优秀产品，德国的汽车、机械、仪器、消费产品等都具有非常高的品质。这种工业生产的水平，更加提高了德国设计的水平和影响。意大利汽车设计师乔治托·吉奥几亚罗为德国汽车公司设计的在德国生产的汽车，比同一个人在意大利设计并生产的汽车要好得多，因而显示出问题的另外一个方面：产品质量对于设计水平的促进作用。德国不少企业都有非常杰出的设计，同时有非常杰出的质量水平，比如克鲁博公司（Krups）、艾科公司、梅里塔公司（Melitta）、西门子公司、双立人公司等，其部分产品见图10-51～图10-53。德国的汽车公司的设计与质量则更是世界著名的。这些因素造就了德国设计的坚实面貌：理性化、高质量、可靠、功能化、冷漠特征。

●图10-51　Melitta 咖啡机　　●图10-52　西门子 KM40FS20TI 冰箱　　●图10-53　双立人 TWIVIGL 锅具三件套

德国的企业在20世纪80年代以来面临进入国际市场的激烈竞争。德国的设计虽然具有以上优点，但是以不变应万变的德国设计在以美国的有计划的废止制度为中心的消费主义设计原则造成的日新月异的、五花八门的新形式产品面前，已经非常困窘了。因此，德国出现了一些新的独立设计事务所，为企业提供能够与美国、日本这些高度商业化的国家的设计进行竞争的服务。其中最显著的一家设计公司，就是前面提到的青蛙设计。这个公司完全放弃了德国传统现代主义的刻板、理性、功能主义的设计原则，发挥形式主义的力量，设计出各种非常新潮的产品来，为德国的设计提出了新的发展方向。对于青蛙设计的这种探索，德国设计理论界是有很大争议的，其中比较多的人认为：虽然青蛙设计具有前卫和新潮的特点，但是，它是商业味道浓厚的美国式设计的影响产物，或者受到前卫的、反潮流的意大利设计的影响，因此，青蛙设计不是德国的，不能代表德国设计的核心和实质。目前，这个问题依然在争论之中，而德国越来越多的企业开始尝试走两条道路：德国式的理性主义，主要服务于欧洲市场；国际主义的、前卫的、商业的设计，主要服务于广泛的国际市场。

在平面设计方面，德国也同样有自己鲜明的特点。德国功能主义、理性主义的平面设计是从乌尔姆设计学院发展起来的，乌尔姆设计学院的奠基人之一德国杰出的设计家奥托·艾舍在形成德国平面设计的理性风格上起到很大的作用。他主张平面设计的理性和功能特点，强调设计应该在网格上进行，才可以达到高度次序化的功能目的。他的平面设计的中心是要求设计能够让使用者用最短的时间阅读，能够在阅读平面设计文字或者图形、图像时有最高的准确性和最低的了解误差。1972年，艾舍为在德国慕尼黑举办的世界奥林匹克运动会设计全部标志（图10-54 ～ 图10-57），他运用自己的这个原则，设计出非常理性化的整套标志来，功能非常好。通过奥林匹克运动会，他的平面设计理论和风格影响了德国和世界各国的平面设计行业，成为新理性主义平面设计风格的基础。

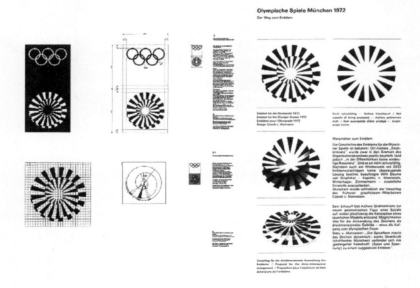

●图10-54　右上为第一个被拒绝的设计，左上是
由Coordt von Mannstein完成的最终设计

●图 10-55　艾舍使用网格设计 180 个图标的一个例子

●图 10-56　艾舍使用运动员的图形设计海报，表现聚集在奥运会的不同的国家

●图10-57　慕尼黑奥运吉祥物Waldi

　　这届奥运会充分体现了德国功能主义的核心价值。这届奥运会标志的设计明显受到了光效应主义和构成主义的影响，当然4年前的墨西哥奥运会更是把这种影响发挥到了极致。奥托·艾舍在色彩的运用上特意回避了德国的专色——红与黑，而是用冷静却不乏活力的蓝绿搭配贯穿。这届奥运会的系统设计可以说是瑞士国际风格的最辉煌的代表，也是奥托·艾舍自己最得意之作。从这届奥运会的门票设计就可以看到奥托·艾舍所提倡的功能至上和少就是多的设计理念，以及通过色彩、图表和网格对各类信息进行规范和系统管理。奥托·艾舍从平面视觉体系到场馆规划、指示系统等进行了全方位的整合。

　　德国的几个重要的设计中心，比如杜塞尔多夫、斯图加特、科隆、法兰克福等，都有强有力的平面设计集团。到了20世纪90年代，随着高科技的应用，他们在汽车、家电工业产品上皆有更新的突破。

10.5.2 美国设计

　　美国在20世纪初期的工业设计发展中，在追求一种物质文化（material culture）的享受。20世纪30年代美国在设计事业上有几个重要的突破：率先创造了许多独立的工业设计行业；设计师们自己开业，在保留自由立场的前提下为大型制造公司工作。这些美国新一代的设计师专业背景各异，不少未曾从事与展示设计或平面设计相关的行业，如橱窗设计、舞台设计、广告牌绘画、杂志插画等，不少人甚至没有正式的高等教育背景。他们设计的对象也比较繁杂，在他们承接的工业设计事务中，从汽水瓶到火车头都有。

　　在第二次世界大战后，美国国力突起，成为世界的强权，由于其强大丰富的资源及开放自由竞争的作风，使其国内经济突飞猛进，资本主义的成功在美国本土被验证了。美国的工业引领了设计活动，而经济的进步带领了美国人热络的消费。在电子科技引入商业策略方面，美国Sears Roebuck公司首先提供邮购及电视购物的服务，促进美国人大量的消费行为。

在美国的许多郊区，有一些大型购物中心（shopping mall）（图10-58），它们提供大量的产品来促进消费，也借此带动国人的休闲风潮。以逛购物中心作为休闲的主要活动，提升了美国人的整体生活水平。而在设计策略的规划下，整个社会倾向物质文化，家庭生活因而成为美国人最重要的生活重心，增加了家庭的凝聚力。他们重视休闲与家庭的团聚，设计的产品攻占了家庭生活圈，其中电视是当时美国人家庭生活的重心之一；而由于美国人不同的生活方式和幽默感，他们喜欢聚集在一起，因此，在家庭生活中，厨房则作为了谈话、聚集的场所，这与日本人完全以工作为重心的生活形态相比较，有很大的差别。

●图10-58　大型购物中心

Eastwood Mall位于美国东南部密西西比河下游亚拉巴马州的伯明翰，1960年开始营业，是美国东南部第一家全封闭的shopping mall。

另外，在建筑方面，20世纪初期，美国人带领建筑界发展起摩天大楼（skyscrapers），在各大都市盖起了以商业办公为主的高楼大厦，例如，美国纽约市的帝国大厦（图10-59）、芝加哥的卡森·派瑞·斯科特（图10-60），这是由科技的进步所带领的美国建筑设计发展形态。美国人的求新与冒险精神，使设计活动在美国本土大量地发展，并扎下很深的根基，促使美国成为全世界最大的产品消费市场。由于美国政府与民间企业极力投资高科技的研究，例如计算机、电子技术、材料改良、太空计划、医学工程、工业技术、生产制程、能源开发等，这些技术的研究，都在刺激着设计整合行为的发展，也因此，美国的工业设计在第二次世界大战后急速地进步，并使得美国成为世界第一强国。

●图 10-59　帝国大厦

●图 10-60　卡森·派瑞·斯科特
（Carson Pirie Scott）

　　美国的工业设计理念倡导简单和品质，并鼓励居民工商业方面的消费。第二次世界大战后的20世纪50～70年代，是美国的设计活动最活跃的时期。设计大师雷蒙德·罗维（Raymond Loewy）作为一位法国移民在第一次世界大战后来到美国，他通过为美国各大企业（Coca Cola，Grey Haund，Penn Raid road，NASA，General Motor）设计大量的商品或交通工具，成为家喻户晓的设计师。他的设计理念为"设计就是经营商业"，且其相当注重产品的外观，这对后来设计师的影响非常深刻。雷蒙·罗维最先从事的是杂志插画设计和橱窗设计，在1929年受到企业家委托设计的基士得耶（Gestetner）复印机开启了他的设计生涯。他采用全面简化外形的方法，把一个原来张牙舞爪的机器设计成一个整体感非常强、功能非常好的产品，得到极佳的市场反应。1955年罗维重新设计了可口可乐的玻璃瓶，从图10-61可以看出，新瓶子去掉了瓶子上的压纹，代替了白色的字体。到2000年，作为后起之秀的Apple计算机，通过设计师重新诠释的计算机接口，创造了在全世界大受欢迎的iPod、iBook及iPhone（分别见图10-62—图10-64），成功转换了工业设计的思维理念，打破了传统黑盒子式的电子产品形象，成功地塑造了Apple在计算机市场上的地位。

●图 10-61   罗维重新设计了可口可乐的玻璃瓶

●图 10-62   iPod nano

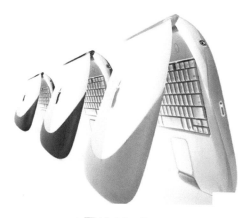

●图 10-63   iBook

●图 10-64   iPhone 5S

10.5.3 英国设计

英国的设计被专家评判为：有风范、坦率、普通、不极端、结实、诚实、适度、家常、缺少技巧、缺少魔力、沉默寡言、清楚的和简单的感觉，因其一直执着于工业技术主导设计，无法接受美学的论点。英国的设计风格在设计史上拥有相当重要的地位，这主要是因为英国是工业革命的发源地，而后又有抗争工业革命的美术工艺运动和新艺术运动。但到了20世纪后，其设计文化与技术有了相当大的改变，这与整个英国的保守与皇室民族性有着相当大的关系。

由于受到19世纪的美术工艺运动及第二次世界大战后经济萧条的影响，英国工业设计的发展并无显著进步，尤其在20世纪50～60年代，设计的发展并无现代社会、文化的融入，乃是学习美国和意大利的流行设计风格。虽然英国也是最早发起工业设计运动的国家之一，但是受到保守的古老文化传统影响，英国工业设计发展受到很大的限制，尤其第二次世界大战后的工业一蹶不振，传统的制造业与冶金工业无法与美国和德国的新兴工业（精密电子、计算机科技）相比，所以无法以技术带领设计的发展。

英国在设计行业中较有成就的有建筑和室内空间设计。英国皇家建筑师学会（Royal Institute of British Architects）设有全世界最完善的建筑工程管理制度，是在行政管理、估价、施工、材料、设计流程、设计法规等方面最有系统的组织。一些早期的设计方法论、设计流程、设计史等设计理论，都是由英国许多学者着手创立的。英国也出现了几位世界级的建筑大师，例如：设计法国巴黎蓬皮杜中心的R.罗杰斯（Richard Rogers）、设计香港上海银行（图10-65）的诺曼·福斯特（Norman Foster），以及设计德国斯图加特现代艺术馆的詹姆斯·斯特林（James Stirling）等。在产品设计上，英国的设计以传统的皇室风格为他们的设计守则，其特色多为展示视觉的荣耀、尊贵感，从他们的器皿、家具、服饰都可以看出，精美的手工纹雕形态及曲线和花纹的设计，仍存在保守的作风。到了80年代，一些年轻的设计师纷纷出现，他们有了新的理念和方法，才渐渐地改掉多年来的包袱，开始追求现代科技的新设计。

●图10-65　诺曼·福斯特设计的香港上海银行

10.5.4 意大利设计

意大利在第二次世界大战后的政局稳定，而社会、经济、文化的进步，使工业如雨后春笋般蓬勃。经过短短的半个世纪，意大利从世界大战的废墟中蜕变成一个工业大国，而它的设计在国家繁荣富强的过程中，扮演着重要的角色。第二次世界大战后的1945~1955年，是奠定意大利现代设计风貌的重要阶段。20世纪50年代意大利在设计中崛起，是由于第二次世界大战后来自美国大规模的经济援助与工业技术援助，顺带将美国的工业生产模式引入意大利，进而使意大利出现了一系列世界级的设计成果，比如汽车设计、时装设计、家具设计、首饰设计等。意大利还创造了自己精巧的独特设计风格，这是别的国家无法比拟的。一直到今天，在众多产业中，如服装、家具、生活用品、汽车等，意大利设计已经是全世界顶尖设计的代名词。

第二次世界大战后美国的流线型风格对意大利设计有重大的影响。意大利的设计概念来自美国产品的流线型风格，细腻的表面处理创造出一种更为优美、典雅、独特具高度感雕塑感的产品风格，表现出积极的现代感。意大利多年来盛享设计王国的美名，从流行服饰、居家用品、家具、汽车等，都有惊人的成果，尤其在20世纪70年代兴起的后现代主义风格，更是独占世界设计流行的鳌头。例如Studio Alchymia和Memphis两个设计工作室创作了许多知名的作品。意大利拥有其他各国所没有的古文化艺术遗产，然而这个具有相当历史意义的国家，因接二连三受到战争的摧残，必须承担接踵而至的家园重建工作。故自第二次世界大战后，从1950年到1970年，意大利的设计师（例如：名设计师Ettore Sottsass、Jr. Paola Navone、Alessandro Mendini、MarioBellini）便将重建工作中最重要的建筑学推崇为影响工业发展的主要因素，以"形随机能"的理念，开始建立起设计产品的特色，开拓更多的海外市场。而意大利许多生活用品在设计时，以塑料材料模仿其他材料，发展出独特的美学工业产品风格。例如：具后现代主义风格的意大利阿莱西设计公司，以设计家庭厨房用品闻名于世，他们聘请了许多知名设计师，使用了大量的不锈钢和塑料材料，发展出有欧洲文化风格的创意商品。

意大利的设计文化和德国设计理念完全相反，意大利人将设计视为文化的传承，其设计的依据完全以本国文化为出发点，所以其设计风格不像德国的理性主义化，使用几何形状和线条来发展商品的形式。意大利的设计师自理性设计中寻求变化、感性的民族特色。这可以从意大利的汽车充满流线造型和迷人的家具设计中看出，尤其是家具的风格设计，更是意大利的设计专长。意大利的设计风格，并未受到太多现代设计主义的影响，其形态充满了国家的文化特质，以鲜艳的色彩搭配中古时期优雅的线条，仿佛又回到了古罗马时代。而在后现代时期著名的阿及米亚（Alchymia）设计群、阿莱西（Alessi）梦工场和梦菲斯（Memphis）

设计群中，大多为意大利的设计师，他们更以颠覆传统设计原则的理念为出发点，设计出令人难以忘怀的前卫性作品，利用大众文化的象征性表现了他们对设计的另类看法和一种对设计的自我想象力。由此可见，意大利的设计与文化是分不开的。

每逢米兰家具展开幕，人们总是期待意大利最为著名的家具品牌阿莱西（Alessi）又会带来什么惊人设计。这个号称"设计引擎"的阿莱西总是不负众望，每一次都以完美的细节和独特的设计理念令众人折服不已。

阿莱西，这个由铁匠Giovanni Alessi在1921年创办起来的公司，历经90多年的发展，从铸造性的、机械性的制造工厂转型成一个积极研究应用美术的创作工厂。它闻名世界的手工抛光金属技艺，繁复的零件组合，直到今日仍无人能及。从早期为皇室打造纯银宫廷用品，到近期的波普风塑胶生活用品，阿莱西跨越了将近一个世纪，记录着当代艺术的精华。"设计从来都不应该是因循守旧或者根本不能鼓舞人心的，相反它应该能为工业带来创造性的发展。一项设计是否优秀，不能仅以技术、功能和市场来评价，一项真正的设计必须有一种感觉上的漂移，它必须能转换情感，唤醒记忆，让人尖叫，充满反叛……它必须要非常感性，以至于让我们感觉好像过着一种只属于自己的、独一无二的生活，换句话说，它必须是充满诗意的。"阿莱西现任掌门人Alberto Alessi说道。时间馈赠给人的不仅是满是沟壑的皱纹，亦有历经岁月沉淀后的成熟与睿智。在历经工艺美术运动、包豪斯运动之后，阿莱西渐渐悟出

属于自己的设计理念：在不同产品类型、风格和价格水平上最杰出的当代设计（The finest contemporary design in different product types, styles and price brackets）。成熟理念的形成一方面与阿莱西三代经营者的孜孜以求关系密切，另一方面，则要感谢与阿莱西签约的众多知名设计师，他们深刻地领悟了阿莱西的设计理念与设计风格，在结合自我特点的基础上，将每一件作品都制作成一件艺术品，无论大小。一些经典产品例如斯蒂凡诺·乔凡诺尼（Stefano Giovannoni）和乔托·凡度里尼（Guido Venturini）设计的"Little Man"系列镂空篮子、亚力山德罗·门迪尼（Alessanfro Mendini）设计的Anna肖像系列家居用品（图10-66）、菲利普·斯塔克（Philippe Starck）设计的榨汁机（图10-67）等都已写入了设计教科书中，

● 图10-66　意大利知名设计师亚力山卓·麦狄尼为阿莱西设计的Anna G男版开瓶器

成为设计经典范例。一些其他与阿莱西有关的设计产品见图10-68—图10-71。

● 图 10-67 菲利普·斯塔克为阿莱西设计的柠檬榨汁机被视为工业设计的偶像作品

● 图 10-68 Richard Sapper 为阿莱西设计的会唱歌的开水壶

● 图 10-69 Bomb 茶具由阿莱西家族第二代掌门人卡洛·阿莱西为了吸引他当时的心上人而设计

● 图 10-70 卡洛·阿莱西设计的八边形咖啡壶

● 图 10-71 Doriana Fuksas 和 Massimiliano Fuksas 为阿莱西设计的哥伦比纳系列餐具

在2011年的家具展上，阿莱西开始尝试将产品扩展到照明领域，推出了"Alessilux"系列灯泡（图10-72），这些形态可爱、富有个性又充满故事的小灯泡立马受到外界追捧。

●图10-72 "Alessilux"灯泡

10个灯泡各自蕴含着10个小故事。名为"U2Mi2"（you too，me too）的机器人小灯泡源自设计师小时候对机器人的喜爱，设计师Frederic Gooris说在他小时候，机器人就是新技术的代言人，是未来美好生活的象征，但是现在他要用这一形象结合LED技术来展示社会对可持续性的关注，提醒人们使用更少的资源以维护地球的环境。

而另一款"vienna"小灯（图10-73）则形如维也纳歌剧院吊灯上的一颗水晶，令人想起莫扎特和施特劳斯的音乐。灯泡的出现为世界带来希望之光。设计师意图通过"vienna"小灯重回灯泡设计的原点，再次赋予灯泡新的造型。该灯泡系列延续了阿莱西一贯的设计风格：注重生活创意，颠覆传统家具，在每件产品背后都蕴含着诗意的感性体验和充满幽默的戏谑趣味。

●图10-73 "vienna"小灯

因此，我们不难看出意大利设计的发展有其独特的美学面貌与文化风格，也可以从他们的家具、玻璃和流行设计中看出其依旧保留了传统的文化风貌和精致手工艺。在工业设计的功名史上，意大利总算走出自己的风格了。

10.5.5 北欧设计

"设计的动力来自文化"是Volvo首席平台设计师史蒂夫·哈珀（Steve Harper）对于设计

的观点。Volvo的品牌形象，都与安全画上等号，方方正正、强壮的肩线，一再加深消费者对安全的想象。这种强烈的延伸自瑞典的价值观"以人为本"的风格就是他们的设计精神。瑞典讲求均富，认为国家应该照顾每一个人，它也是全世界唯一把国民应该拥有自己的房子写进宪法里的国家。Volvo车厂的出发点，是希望让处于工业化高潮的瑞典人，能够拥有安全耐用、环保性高的国产车，这是Volvo的设计传统，也是传承至今的设计核心价值。其生产的车型可参见图10-74。

●图10-74 Volvo XC90 2013

北欧国家如瑞典、丹麦、芬兰，都具有强烈的本土民俗传统，他们热衷于追求本土的新艺术风格，并应用于陶瓷、玻璃器皿、家具、织品等传统工艺领域。北欧的现代设计展现出来自大自然的体验，而"诚实""关怀""多功能""舒适"是北欧的设计理念。其设计风格带有拥抱自然、体贴入微的幸福风味，且设计的作品范围很广，包括：超市、趣味盎然的图案设计、居家生活、地铁站的艺术走廊、美术馆、旅馆或医院。

设计师Björn Dahlström是瑞典目前声望最高的设计师之一，他的作品横跨各种类型，从杯子、袖扣、BD系列现代家具等。他为Playsam设计的兼具摆设以及玩具功能的摇摇兔（图10-75）就是其中的一种。可爱的兔子造型，生动的表情，皮革材质的长耳朵，加上Playsam

一惯抢眼的色彩呈现，为童年回忆中的"玩具木马"，做了一番新的诠释，并因此得到了 Excellent Swedish Design 的大奖。充满童趣的设计不但适合小孩，也适合大人收藏。摇摇兔是一款需要自行组装的产品，不但能让用户体验亲自动手乐趣，更能透过自行组装的过程带领孩子学习，并增进亲子间的感情。

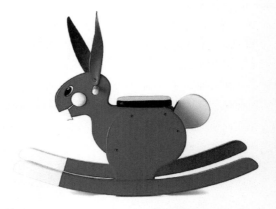

●图 10-75　摇摇兔

图 10-76 所示的木头小猴可以说是将木制玩具发挥到极致的设计品，它于 1951 年完成，可以随你的想象摆出各种不同可爱的姿势，如可站可坐，还可倒挂在树上、吊单杠等。该产品采用柚木与林巴榄仁（Limba），在丹麦由技术高超的木匠手工制作，拥有可爱的造型和灵活的肢体变化，在丹麦人心中是知名度最高的"宠物"之一，无论我们拿来当摆饰或是纯粹把玩，都可以感受到它的魔力。

北欧人不太在意什么是流行，不会紧张竞争对手是否也走这样的设计路线。来自丹麦的设计师 Georg Jensen 的品牌传承，成长于哥本哈根北部一片最美的森林区，大自然是他灵感的沃土，花草、藤蔓、白鸽都是他的创作主题，而有机线条的自然流动、不对称和曲折缠绕，则是他的设计语汇。在他的设计作品（图 10-77）里没有细节，只有简单的线条，再加上强调立体、明亮阴影的对比处理，使他的作品呈现一种历久弥新的永恒感。Georg Jensen 的想法："我们走这条路是因为我们相信这样的价值，相信设计的精髓是不花哨的、不炫耀的，要寻找、回归到物体的、人的本质，

●图 10-76　木头小猴

●图 10-77　设计师 Georg Jensen 的作品

这也反映了北欧人的生活态度，这就是我们的根本。"

北欧的设计师秉持着天时、地利的优良条件，开创了独特的自然风，也为设计界立下了绿色与环保的典范。

瑞典人的骄傲就是IKEA，用家具输出北欧式的生活美学。宜家家居于1943年创建于瑞典，"为大多数人创造更加美好的日常生活"是宜家公司自创立以来一直努力的方向。宜家品牌始终和提高人们的生活质量联系在一起并秉承"为尽可能多的顾客提供他们能够负担的设计精良、功能齐全、价格低廉的家居用品"的经营宗旨。在提供种类繁多、美观实用、老百姓买得起的家居用品的同时，宜家努力创造以客户和社会利益为中心的经营方式，致力于环保及社会责任问题。今天，瑞典宜家集团已成为全球最大的家具家居用品商家，销售主要包括座椅/沙发系列、办公用品、卧室系列、厨房系列、照明系列、纺织品、炊具系列、房屋储藏系列、儿童产品系列等约10000个产品。目前宜家家居在全球34个国家和地区拥有239个商场。

在产品营销方面，宜家紧跟互联网科技发展的步伐，除了传统的实体店营销模式，还建立了自己的官网，并使用了最新的App营销和微信交流手段（图10-78）。

●图10-78　App营销和微信

丹麦进入现代设计的时间晚于瑞典，但是到了20世纪50年代，丹麦室内设计、家庭用品和家具设计、玻璃制品、陶瓷用具等，也达到了瑞典的水平。他们的设计在第二次世界大战后非常流行，尤其是家具设计，结合工艺手法的诚实性美学与简洁的设计受人赞佩，设计作品的表现大量使用木材等自然材料，表现了师法自然、朴实的特殊风格。

10.5.6 日本设计

日本的设计艺术既可简朴，亦可繁复；既严肃又怪诞；既有精致感人的抽象面，又具有现实主义精神。从日本的设计作品中，似乎看到了一种静、虚、空灵的境界，从中能深深地感受到一种东方式的抽象。与意大利一样，日本也必须重建第二次世界大战以后的自己。然而，由于日本是一个岛国，自然资源相对贫乏，出口便成了它的重要经济来源。此时，设计的优劣直接关系到国家的经济命脉，以致日本设计受到政府的关注。

日本的设计以其特有的民族性格，使其发展出属于自己的特殊风格。他们能对国外有益的知识进行广泛的学习，并融会贯通。日本的传统中有两个因素使它的设计往正确的方向走：一个是少而精的简约风格；另一个是在生活中形成了以榻榻米为标准的模数体系。这令他们很快就接受了从德国引入的模数概念。日本设计师善于将设计和本国的文化相结合，例如：福田繁雄是日本当代的天才平面设计家，他弃旧图新，开启了新概念的设计风格；原研哉以纯真、简朴的意念提升了无印良品简约、自然、富质感的生活哲学，提供消费者简约、自然、基本，且质量优良、价格合理的生活相关商品，不浪费制作材料并注重商品环保问题，以持续不断地向消费者提供具有生活质感的商品，其作品白金见图10-79。另一位设计大师深泽直人为无印良品（MUJI）设计的挂壁式CD播放器（见图10-80、图10-81），已经成为一个经典。他不但延续了少就是多的现代精神，在他的作品中还能找到一种属于亚洲人的宁静优雅；他喜欢放弃一切矫饰，只保留事物最基本的元素，这种单纯的美感，却更加吸引人；他还系统地将各种创意、革新加以融会贯通进行设计创作。

● 图10-79　原研哉作品——白金

● 图10-80　深泽直人为无印良品（MUJI）设计的挂壁式CD播放器

● 图10-81　深泽直人为无印良品（MUJI）设计的全新2013款壁挂式播放器

日本的工业设计历史源于第二次世界大战后，最早是由一群工艺家和艺术家开始的，他们使用简单的机器设备，制作一些家用品。到了1950年，日本开始渐渐有了自己的设计风格，并且可以大量地销售到国外去。他们以传统文化为根基，开发现代化的新工商业契机，并不断地学习西方国家的优点。早先以欧洲各国的设计为其学习的对象，并从中再去研发更新的技术，由模仿到创新，由创新到发明，使日本跃升为世界七大工业国之一，也使其设计渐渐达到国际性的水平。日本的设计也采用了意大利文化直觉的美学，不像英国那样因为执着于工业技术，仍然以怀疑的眼光，不能接受新文化直觉的美学，而导致设计出的产品无法获得大众的喜欢。日本的模仿与学习的价值观，使日本在设计领域里占有一席之地。由于其民族性的强度结合，使日本的产品活跃于国际舞台，特别是在电子商品与汽车工业这方面。

在20世纪70年代日本工业化的高速发展，使得大批各具特色的新设计产品诞生。在不到50年的时间里，日本的设计已真正跨上了国际设计的舞台。无论在建筑、工业产品、家电产品、生活用品、视觉媒体还是包装设计上，日本设计都有其独到的特色。日本人的设计理念来自意大利，以知觉和美学的人性文明为发展基础。日本的设计重建更从基础科技引导开始，以相当严谨的态度处理各种设计问题。质量（quality）就是他们的精神标杆。尤其在家电产品设计上，其产品的市场是全球化的。世界著名的日本家电公司Sony更是以一台随身听（Walkman，1979，图10-82）改写了整个世界的家电历史，并使随身听产品在一夜之间成为最受年轻人喜爱的产品。

在20世纪80年代后，日本产品更是东方文化的主要代表，其卡通动画、电玩产品、家电产品和玩具（电子狗，图10-83）更是带动了全球性的流行走向，不得不让科技强国如美国、德国、法国等另眼相看。

●图10-82　Sony的Walkman

●图10-83　电子狗

191

其流行的东西也不再限于工业产品，像是电子类、游戏类、玩具类、光学类或汽车等，也都受到世界多个国家消费者的喜欢。日本的设计已打破了文化的界线，成为国际等级了。优良完整的管理系统是日本设计整合的精神，无论在科技的发展还是在文化的保持方面，日本人都不遗余力。所以日本的各种设计产物都保有相当周到的设想，使其产品的推出，不只是考虑到市场的远景，也考虑到产品的生命力，其管理系统整合了技术的规格化与文化艺术的自由创意，使设计商品真正达到了所需的"科技美学"的概念。

　　已故日本设计大师柳宗理（图10-84）将民间艺术的手作温暖融入冰冷的工业设计中，是日本现代工业设计的奠基人之一，也是较早获得世界认可的日本设计师。

●图 10-84　柳宗理

　　1915年出生于东京的柳宗理是第一批被西方认同并载入设计史的亚洲人。他的经典设计"蝴蝶凳"（图10-85）是西方科技与亚洲文化完美结合的里程碑式的象征，此作品出现于第二

●图 10-85　蝴蝶凳

次世界大战后日本经济重建的时代背景中。在拜访设计大师Eames夫妇的工作室后，柳宗理对其"压模夹板"的技术印象深刻，遂使用这种技术设计了蝴蝶凳，并交由山形县的天童木工生产。1957年，蝴蝶凳与他的白瓷器等作品在世界最重要的当代设计博物馆之一"米兰三年会展中心"（La Triennale diMilano）获得了第11届米兰设计展金奖。

柳宗理认为，美不是被制造出来的，而是浑然天成的。柳宗理的设计追求的就是这种浑然天成的美感。他设计的用具带有含蓄的美，它们不着痕迹地融入生活，越是使用，越能发觉它们悠长的意味。这份含蓄和传统日本民艺的美感相一致，民艺不出于任何知名艺匠之手，只是为一般日常用途而制造。但民艺之美正存在于这几乎没有刻意的造作与修饰之中，因其朴实无华故而能够真正贴近人的需求与生活的最本真面目。

"设计的本质是创造"，而"传统本身即来自创造"，在柳宗理看来，好的设计脱离传统是不可想象的，因此，他的设计都带着本民族的美学，不断从本民族的根源文化吸收养分。"真正的设计要面对现实，迎接时尚、潮流的挑战"，他从民间工艺中汲取美的源泉，反思"现代化"的真正意义，将西方的现代主义与东方的淡然含蓄完美地融为一体。他的很多作品（图10-86）即使今天来看仍然非常时尚、现代，摆脱了"民艺＝老土""民艺＝过时"的刻板印象。

●图10-86　柳宗理作品

10.5.7 韩国设计

一个政策要彻底地执行，是需要靠国家的资源去推动才能有成效。韩国的设计就是如此，原来的企业不懂而不敢大力投资专门的商业设计人才，所以就由政府来辅导、补助、培养人才来协助企业升级。在设计发展的最初15年，韩国派遣大量人员到中国台湾、欧美各国去学习设计，而到现在，我们可以看到韩国产品已经逐渐在世界设计舞台上占有一席之地，例如：三星、LG、现代等。韩国在服装、汽车、消费电子产品方面的设计，已经能够自己经营、规划品牌及营销，韩国的设计也在世界的经济舞台开始崭露头角了。

韩国政府在1993～1997年，全面实施了工业设计振兴计划，几年之间，韩国本土设计师和设计公司呈现爆炸式的增长，5年内设计专业的毕业生增长了一倍之多，也促使中小企业对设计方面加大了投资。韩国设计能够提升起来，设计振兴院扮演了非常重要的角色。设计振兴院是韩国中央政府下属的官方机构，它接受政府预算实行推动韩国整体的设计意识和能力。设计振兴院致力于发展国家的设计基础设施，建立了一个数据库，为提供设计信息交流建立了基础的平台。为了确立21世纪韩国设计在国际上的地位，设计振兴院还推动与国际间的交流与合作。自1993～2007年，总共推动了三次工业设计振兴计划，其中历经1997年亚洲金融风暴之后，韩国的企业也面临转型，企业必须提升设计的质量，而不仅止于量的增加。

以生产韩国最大量的信息科技产品的三星公司为例。三星是亚洲第一家能够善用设计力量，成功跻身世界第一流国际化企业的代表，其强调不断创新、讲究效率的西方管理风格。Interbrand公司发布的具有权威性的2013年"全球最佳品牌榜"中，三星电子凭借396亿美元的品牌价值在全球知名品牌中脱颖而出，位居第八，这使其在"消费者喜爱的顶级国际品牌"阵营中迈进一大步。

Interbrand品牌价值评估的一大因素是品牌的持续经营能力。分析指出，三星电子智能手机市场份额在全球持续的No.1地位，为其品牌价值的提升带来了强大的推动力。

智能手机已逐渐成为现代人的生活必需品，而市面上的智能手机品牌多如牛毛。三星凭借敏锐的洞察力，深入发掘用户需求，使2015年下半年发布的Galaxy S6 edge+（图10-87）集合了多种功能优势，成为最受欢迎的高端智能手机之一。

自成功推出S系列以来，安卓机皇的光环一直落在三星头上。而苹果发布的最新一代智能手机创新疲软，更使得三星Galaxy S6 edge+备受瞩目。

精湛的工业设计，使机身的线条更加柔和且富有优雅精致的气息，双侧曲面大屏的设计展现了独一无二的卓越美感和极致的使用体验。双曲面侧屏的设计不是把屏幕进行简易的弯曲就能实现的，它的背后是难以想象的复杂技术，需经过10层蒸镀工艺才能实现图像与玻璃的完美贴合。技术的难题也是众多品牌停止跟随模仿三星的主要原因。

三星Galaxy S6 edge+配备的5.7英寸2K双侧曲面大屏，极致个性的侧屏体验带给消费者的不仅是外观时尚个性的新奇，还使画面呈现更细腻，观感上的效果更立体滚动。同时，双侧曲面屏的设计也融合了更多的交互功能，消费者在任何界面下

● 图 10-87　Galaxy S6 edge+

都能迅速进入侧屏功能区，轻松调出信息中心、常用应用、联系人等，还可采用手写信息、表情图标等方式让沟通交流更具个性和趣味。

三星Galaxy S6 edge+的亮点之一是双曲面侧屏的时尚外形，对于商务人士来说可彰显高贵的身份，对追求时尚的年轻一族来说这是时尚前沿的象征。另一方面，这也折射出三星独一无二的创新能力和无以复制的曲面技术。

另外，在2019年10月三星OLED论坛会上，三星高层透露了OLED屏幕围绕屏下方案的四大发展方向：屏下指纹技术、屏下传感器（包括屏下前摄）、屏下触控感应技术、屏下发声技术，这四个方向在三星的不断前进带动下，今后几年的手机设计将会有一个很大的变化。

10.6　现代设计的热点体现

10.6.1 体验设计

用户体验（user experience，UE）是一种纯主观的在用户使用一个产品（服务）的过程中建立起来的心理感受。因为它是纯主观的，就带有一定的不确定因素。个体差异也决定了每个用户的真实体验是无法通过其他途径来完全模拟或再现的。但是对于一个界定明确的用户群体来讲，其用户体验的共性是能够经由良好设计的实验来认识到的。

用户体验主要来自用户和人机界面的交互过程。在早期的软件设计过程中，人机界面被看作仅仅是一层包裹于功能核心之外的"包装"而没有得到足够的重视。其结果就是对人机界面的开发是独立于功能核心的开发，而且往往是在整个开发过程的尾声部分才开始的。这种方式极大地限制了对人机交互的设计，其结果带有很大的风险性。因为在最后阶段再修改功能核心的设计代价巨大，牺牲人机交互界面便是唯一的出路。这种带有猜测性和赌博性的开发几乎是难以获得令人满意的用户体验。至于客户服务，从广义上说也是用户体验的一部分，因为它是同产品自身的设计分不开的。客户服务更多的是对人员素质的要求，而难以改变已经完成并投入市场的产品。但是一个好的设计可以减少用户对客户服务的需要，从而减少公司在客户服务方面的投入，也降低了由于客户服务质量引发用户流失的概率。

现在流行的设计过程注重以用户为中心。用户体验的概念从开发的最早期就开始进入整个流程，并贯穿始终。其目的就是保证：对用户体验有正确的预估；认识用户的真实期望和目的；在功能核心还能够以低廉成本加以修改的时候对设计进行修正；保证功能核心同人机界面之间的协调工作，减少漏洞。

在具体的实施上，用户体验设计包括了早期的 focus group（焦点小组），contextual interview（情境访谈）和开发过程中的多次 usability study（可用性实验），以及后期的 user test（用户测试）。在"设计 - 测试 - 修改"这个反复循环的开发流程中，可用性实验为何时出离该循环提供了可量化的指标。

对于用户体验设计这个课题，各国的设计界都在努力跟随时代的脚步进行着创新探索。国际体验设计协会（IXDC）第六届年度盛典，亚洲最具影响力的体验设计盛宴——"国际体验设计大会"于 2015 年 7 月 16 ～ 19 日在北京国家会议中心隆重举行。大会主题为"重新定义用户体验（Redefine the User Experience）"（图 10-88）。

●图 10-88　国际体验设计协会主题为"重新定义用户体验"

本次大会关注的焦点就是反思用户体验，构建用户体验生态圈，学习掌握设计方法在不同行业的应用和创新。通过大会，旨在让新从业者们能了解整个用户体验的范畴和理想，让资深的从业者们能重新反思自己的工作，延伸扩散对用户体验的理解，学习掌握创新设计思维与商业模式，为今后的工作做一些调整，以及对社会有更正面的帮助。

案例

发明咖啡馆

开咖啡馆不是什么新鲜事，但如果这个咖啡馆由一群资深科技控经营，而你品尝的不只是咖啡，更有目前最受追捧的科技发明，就会给人耳目一新的体验了（图10-89）。

●图10-89 "发明咖啡馆"视频截图

B2B企业做社交一直面临一个难题：高精尖的科技发明与大众总是有"隔阂"，尤其当这些技术隐藏在用户体验到的设备背后时。Qualcomm将北京最有名的极客创业咖啡馆"改头换面"，将这些"枯燥"的概念和技术，融入大众最熟悉的场景之中，让用户可以以一种全新的方式去感受这些发明以及Qualcomm背后的发明家精神（图10-90）。

●图10-90　发明的目的其实是让人更自由、更任性

　　发明咖啡馆内所有的智能设备都应用了Qualcomm的相关技术发明，在这里，顾客有很大的自由体验空间：顾客可以通过一部手机就控制店内的音乐、灯光、气氛，甚至是一键启动浪漫模式的泡泡机。另外还有无人机、扩增实境游戏、光场相机、360°相机、智能眼镜等设备供顾客体验。为了方便顾客，发明咖啡馆的桌子下更安装了无线充电设备，顾客将手机放上去就可以直接充电。

　　活动期间，发明咖啡馆的线上虚拟分馆也同步营业，让用户充当"任性店长"，同样感受发明咖啡馆赋予每位用户的自由与乐趣（图10-91）。类似"美女餐厅"游戏式的互动方式让咖啡馆的线上体验同样精彩。

●图10-91　"任性店长"互动活动

在咖啡馆开业之前，Qualcomm还向大众发出别出心裁的活动邀请函——"任性度"H5测试（图10-92）。通过测试参与者能否用发明更加便利地解决生活中的问题，使他们回想起发明便利生活的瞬间，引起共鸣，并激发他们去发明咖啡馆体验"任性店长"的兴趣。此外，Qualcomm更针对KOL发出创意邀请函——会发光的咖啡杯，并邀请KOL扫描二维码在微信朋友圈分享活动，在活动前期引起更大的关注和讨论。

●图10-92　Qualcomm向大众发出别出心裁的活动邀请函

店里的一切活动都淋漓尽致地体现出活动的大主题——"因为发明，所以任性"。

10.6.2 情感化设计

"情感化设计（emotional design）"（图10-93）一词由唐纳德·诺曼（Donald Norman）在其著作《情感化设计》（《Emotional Design》）当中提出。而在《为情感设计》（《Designing for Emotion》）一书中，作者Aarron Walter将情感化设计与马斯洛的人类需求层次理论联系了起来。正如人类的生理、安全、爱与归属、自尊和自我实现这五个层次的需求，产品特质也可以被划分为功能性、可依赖性、可用性和愉悦性这四个从低到高的层面，而情感化设计则处于其中最上层的"愉悦性"层面当中。一个有效的情感化设计策略通常包括两个方面。

① 你创造出了独特并且优秀的风格理念，令用户产生了积极响应。

② 你持续的使用该理念打造出一整套具有人格层面的设计方案。

●图 10-93　什么是情感化设计

　　《情感化设计》一书从知觉心理学的角度揭示了人的本性的 3 个特征层次，"即本能的、行为的、反思的"，提出了情感和情绪对于日常生活做决策的重要性。三种水平的设计与产品特点的对应关系（图10-94）如下。

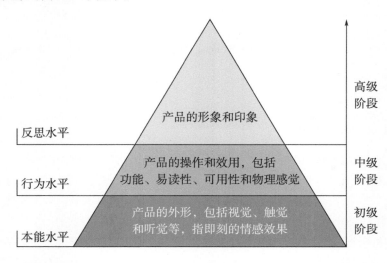

●图 10-94　人的本性的 3 个特征层次的设计与产品特点的对应关系

① 本能水平的设计——外形；

② 行为水平的设计——使用的乐趣和效率；

③ 反思水平的设计——自我形象、个人满意、记忆。

（1）本能设计

人是视觉动物，对外形的观察和理解出自本能。视觉设计越是符合本能水平的思维，就越可能让人接受并且喜欢。

（2）行为设计

行为水平的设计可能是我们应该关注最多的，特别对功能性的产品来说，讲究效用，重要的是性能。使用产品是一连串的操作，美观界面带来的良好第一印象能否延续，关键就要看两点：是否能有效地完成任务，是否是一种有乐趣的操作体验。这两点都是行为水平设计需要解决的问题。优秀行为水平设计的4个方面：功能、易懂性、可用性和物理感觉。

（3）反思设计

反思水平的设计与物品的意义有关，受到环境、文化、身份、认同等的影响，会比较复杂，变化也较快。事实上，这一层次与顾客的长期感受有关，需要建立品牌或者产品长期的价值。

本能的设计关注的是视觉，视觉带给人第一层面的直观感受，相当于视觉设计师完成的工作；行为的设计关注的是操作，通过操作流程体验带给用户感受，相当于交互设计师完成的工作；反思的设计关注的是情感，相当于用户体验的提升，情感设计无处不在，所以这里要和大家探讨如何对产品进行情感化设计。

情感是感性化的东西，如何设计？通过刚才的"认知理论"和例子我们知道，虽然我们不能直接设计用户情感，但是可以通过设计用户特定场景下的行为，来最终达到设计用户情感的目的。当我们在做产品设计的时候，相信大家都是希望让特定的用户群或者更多的人接受、使用并喜爱我们的设计。那么就需要满足人本能的、行为的、反思的三个层面的心理需求。情感化设计体现在功能设计、界面设计、交互设计、运营设计等各个环节。

情感化设计大致由图10-95中的关键性要素所组成，我们可以从这些关键点出发，在产品中融入更多的正面情感元素。诚然，用户最终会产生的反应还将取决于他们各自的生活背景、知识技能等方面的因素，但是我们所抽象出的这些组成要素是具有普遍适用性的。

积极性
惊喜：提供一些用户想不到的东西
独特性：与其他的同类产品形成差异性
注意力：提供鼓励、引导与帮助
吸引力：在某些方面有吸引力的人总是受欢迎的，产品也一样
建立预期：向用户透露一些接下来将要发生的事情
专享：向某个群体的用户提供一些额外的东西
响应性：对用户的行为进行积极的响应

●图 10-95　情感化设计的关键性要素

　　基于满足人本能的、行为的、反思的三个层面的心理需求，可以从以下三个方面进行情感化设计。

（1）产品形态的情感化

　　形态一般是指形象、形式和形状，可以理解为产品外观的表情因素。在这里，更倾向于理解为产品的内在特质和视觉感官的结合。随着科技的发展，产品的功能不仅只是指使用功能，还包含了其审美功能、文化功能等。设计师利用产品的特有形态来表达产品的不同美学特征及价值取向，让使用者从内心情感上与产品产生共鸣。让形态打动消费者的情感需求。通过漂亮的外形、精美的界面提升产品的外在魅力，并最快传递视觉方面的各种信息。视觉的传达要符合产品的特性、功能与使用环境、使用心理等。

（2）产品操作的情感化

　　巧妙的使用方式会给人留下深刻的印象，并使他们在情感上越发喜欢这种构思巧妙的产品。这种巧妙的使用方式会给人们的生活带来愉悦感，从而排解了人们来自不同方面的压力，所以得到用户的青睐。

（3）产品特质的情感化

　　真正的设计是要打动人的，它要能传递感情、勾起回忆、给人惊喜。产品是生活的情感与记忆。只有在产品/服务和用户之间建立起情感的纽带，通过互动影响了自我形象、满意度、记忆等，才能形成对品牌的认知，培养对品牌的忠诚度，使品牌成为情感的代表或者载体。

案例

iPod nano 7

　　苹果公司的伟大发明有很多，iPod音乐播放器绝对是其中的一个经典之作。这个初期以简洁设计与操作、海量存储为卖点的东西却将索尼、松下等一系列曾经在音乐播放器市场上风生水起的日系厂商打得毫无还手之力，从此音乐与iPod便画上了等号。

　　一款产品的设计，可以说是决定普通消费者是否购买的第一感官，产品外观向外界传达的信息也是非常重要的，在iPod的发展过程中外形尺寸在做着不断的调整，唯一不变的是年轻的色彩，这也是iPod产品的独特标识。iPod nano 7将受众定位在以青春、活力、热血为主打的特定消费群体，苹果iPod nano 7的机身背面采用简洁时尚的设计，材质为铝合金，包裹到机身侧面的边框，圆润的曲线十分精致。另外，苹果iPod nano 7的个性基本上也都是从背面来体现，机身色调偏粉嫩一些，包括炭黑、银、紫、粉红、金黄、草绿、粉蓝以及特别版的大红色，令色彩控们大呼过瘾。

　　银色属于明度高的淡色调，优雅、明朗、干净，如图10-96所示。

●图10-96　银色

炭黑色属于明度最低的暗灰色调，厚重、有力度，如图10-97所示。

粉红色属于明度和纯度比较高的明亮色调，优雅、甜蜜，如图10-98所示。

●图10-97　炭黑色

●图10-98　粉红色

紫色是由温暖的红色和冷静的蓝色调和而成，跨越了暖色和冷色，是极佳的刺激色。粉紫色是女性色，代表优雅、高贵、魅力、神秘，如图10-99所示。

蓝色是最冷的色调，加入粉色，则柔和了许多，粉蓝色表示秀丽清新、宁静、豁达、沉稳，如图10-100所示。

●图10-99　粉紫色

●图10-100　粉蓝色

大红色属于明度中等的强烈色调，活力、积极、个性、张扬，如图10-101所示。

草绿色属于明度稍高的轻柔色调，淡雅有生机，突出自然的气息，特别符合夏日里的自然和清爽需要，如图10-102所示。

●图10-101 大红色

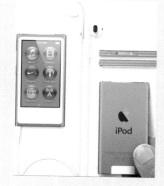

●图10-102 草绿色

iPod nano7延续了iPod家族中最为多变且无规律可循的特点，年轻的色彩搭配上复古的外观，再次见证了苹果超前的产品设计理念，使这款新一代iPod nano以超乎想象的姿态与全世界人们见面。

消费者对于iPod nano7的初始反映是潮水般的好评，并且销售情况越来越好。据MP3 Newswire报道，在新泽西的一个苹果专卖店里面，一些消费者买了数个nano，却对旁边的创新Zen Micros视而不见。这让即使一致认为iPod nano7将取得巨大成功的投资界和技术业界也感到惊讶。

10.6.3 可穿戴设计

智能穿戴是指应用穿戴式技术对日常穿戴如眼镜、手套、手表、服饰及鞋等进行智能化设计而开发出的可以穿戴的设备，智能穿戴的目的是探索人和科技全新的交互方式，为每个人提供专属的、个性化的服务。

人类历史发展过程中，有很多影响深远的科技发明，其中直接深刻影响人类行为的数字化革命有两次，第一次是移动电话，第二次是移动互联网。现如今，具备"第六感"的穿戴设备随着第三次科技浪潮席卷而来。

电话无疑是19世纪最伟大的发明之一，它突破了距离的限制，还原了千里之外的音源，第一次扩展和延伸了人们的听觉；移动电话则更近一步，它突破了空间的限制和线材的束缚，给予了人们一个数字化的符号，这个符号具有唯一性，也具有实时性，通过背后复杂昂贵的网络系统，让语音交流与生活同步而行。同时，随着显示屏的植入，SMS等增值业务的发展，不仅可以语音实时传输，还可以实现信息的输入、存储及输出，使信息交流方式有了多样化的发展空间。

iPhone的横空出世，不仅进一步丰富了信息交流方式，更将易用性提升到一个较高的水平，并形成了行业的标杆。iPhone的海量应用以及聚合信息的完善，大大降低了信息处理成本，扩展了大脑认知和判断的能力。现在，手机已成为人们日不离身的信息交流处理终端。

未来，随着技术的成熟和性能的提升，以及产品成本的下降和使用的普及，智能穿戴设备将逐渐取代手机的很多功能，并最终大规模取代智能手机产品，未来必将是智能穿戴设备的天下。因为，这符合以下两个趋势。

首先是智能产品的使用方式将从模仿回归自然与本能。传统功能手机的信息输入是实体键盘按键式输入，这并不是人类很自然的使用方式。而苹果iPhone将实体键盘取消，采用更加自然、模仿人类原始行为的触摸式输入；页面的翻页方式，iPhone也模仿人类的自然翻书方式。但说到底这些方式和功能都是对人类原始行为的"模仿"，而不是原始行为"本身"。而苹果语音交流工具Siri，则在这方面前进了一大步。现在手机上的传感器越来越多，对眼神、温度、光线等的感知能力越来越强。这些都是在回归人类交流和情感的本源。而穿戴设备，则是这种趋势的更高阶段，即通过智能眼镜、手表、服饰等随身物品，你可以直接通过语音、眼睛、手势、行走等最自然的方式，与他人进行沟通、上网等。

其次是智能服务从外部到随时、随身。智能手机即使功能再强大，也只是我们的"身外之物"，随着手机屏幕越来越大以及拥有多部手机，我们越来越觉得这些铁疙瘩给我们带来很多的不便。而智能穿戴设备，则完全不存在这种烦恼，它不再需要一个专门的"通信终端""上网终端"和"娱乐终端"，用户只需通过眼镜、手表、服饰这些原本就在我们身上的随身之物，就能随时随地使用智能服务，提高生活、商务品质和效率。未来我们将24小时都在网上，不存在上网与下网的概念，智能穿戴设备正是迎合了这样一个趋势。

智能穿戴设备是意义深远的一类科技设备，它将引领下一场可穿戴革命，我们正迈向一个技术与人们互动的新世界（行情、资金、股吧、问诊）。谷歌、苹果、三星、微软、索尼、奥林巴斯等诸多科技公司争相加入可穿戴设备行业，在这个全新的领域进行深入探索。

随着移动互联网的发展、技术的进步和高性能低功耗处理芯片的推出等，智能穿戴设备的种类逐渐丰富，穿戴式智能设备已经从概念走向商用化，新式穿戴设备不断传出，智能穿戴的时代已经到来了。谷歌公司于2012年研制的一款智能电子设备——Google Glass（图10-103），具有网上冲浪、电话通信和读取文件的功能，可以代替智能手机和笔记本电脑的作用。随着Google Glass等概念产品的推出，众多国内外厂商对可穿戴智能设备领域表现出极高的参与热情，2013年成为全球公认的"智能可穿戴设备元年"，智能穿戴技术已经渗透到健身、医疗、娱乐、安全、财务等众多领域。

●图10-103　Google Glass

谈及智能可穿戴产品，不能不提传统钟表行业的转型。现有的腕上产品总结来说可以归结为三种价值体系。一是以传统钟表为代表的满足人们的装饰价值；二是以安卓类智能手表为代表的，压缩手机式智能手表，期望通过将类似手机的功能变得更便捷，满足大部分人的大部分需求；三是细分领域应用类智能手表，满足不同人群在不同场景下的不同需求和问题，针对这些差异化的需求和问题，提供细分差异化的个人行为与健康数据服务（PMPD）。回忆历代苹果智能手表，2014年推出第一代Apple Watch，虽然有电话、语音、回短信、播放音乐、测量心跳等几十种功能，但都没有逃脱手机功能的范畴。2015年升级后，从实质而言也仅仅增加了几个款式，在外形上更美观。2016年推出二代智能手表，苹果开始放弃纯金的奢侈路线，将重点放在了运动上，2017年苹果的Apple Watch Series 3，更是在运动的专业性上下足功夫，内置的新系统Watch OS提供了更强大的心率跟踪功能，苹果与FDI以及斯坦福合作做心脏研究，加入一些新功能，包括运动教练、全新的心率监测等。2018年Apple Watch Series 4（图10-104）加强了在健康领域的探索，心电图(ECG)的心脏监测功能和能够检测到用户不规则心律并告知用户的功能通过了FDA医疗器械认证，可以提供专业医疗设备数据供医生参考。

Apple Watch Series 4的推出再次将大众的视野拉到了智能手表行业，沉寂许久的智能穿戴行业或将迎来新的爆发。

● 图10-104　Apple Watch Series 4

同样是在2018年，联想陆续发布了Watch 9、Watch X、Watch X Plus三款智能手表（图10-105）。这是联想继收购摩托罗拉后在智能穿戴领域的又一重要举措。从Android系统的Moto 360，到现在的物理指针及物理指针+屏幕混显类智能手表，联想智能穿戴从大而全的功能应用转化为细分场景的应用，不失为一次重大博弈。

● 图10-105　联想智能手表

2018年9月，Emporio Armani进一步拓展了品牌的创新型智能可穿戴设备系列——Emporio Armani Connected（图10-206），产品采用动感造型、全新一代智能可穿戴科技及时尚设计，致敬品牌在制表业中严谨细致的传统。不同的设计配色可供不同穿衣风格的时尚潮人挑选搭配。

● 图10-106　Emporio Armani Connected

根据权威数据机构IDC（国际数据公司）报告显示，2018年第一季度中国可穿戴设备市场出货量为1200万台，同比增长15.9%。智能可穿戴设备同比增长高达105.5%，主要源于4G儿童手表市场的迅猛增长。IDC预测：到2020年可穿戴市场将呈现明显增长，到2021年全球可穿戴设备的出货量将达到2.523亿台，市场潜力巨大。

智能穿戴作为前沿科技和朝阳产业，是未来移动智能产品发展的主流趋势，将极大改变现代人的生活方式。在未来，智能可穿戴产品形态将出现以下趋势：可穿戴的特性更加显著，产品更轻便；产品形态将满足多元化需求，更加个性化，时尚感和功能性将紧密结合。物联网时代，智能可穿戴设备的交互式体验越来越广，产品将实现人机无缝连接，在体感交互、语音交互、眼球追踪交互、触觉交互等方面取得创新突破。此外，可穿戴设备还将实现微型化和集成化，并将向柔性化方向发展，产品更加隐形、安全。

10.6.4 体感交互设计

还记得在各路好莱坞大片中，导演利用CG特效给我们描绘的美好未来生活吗？无论是《钢铁侠》中惊艳眼球的全息控制，还是《碟中谍》里的3D全景展示，都让我们惊呼不已。如果你还认为这只是存在于科幻电影中的想象，那你的想法可就太过时了。目前，这类技术已经可以真真切切地走到我们身边了。

●图10-107 体感时代

体感技术（图10-107），在于人们可以很直接地使用肢体动作，与周边的装置或环境互动，即不需使用任何复杂的控制设备，便可让人们身临其境地与内容做互动。简单说，就是一个手势、一个眼神的事儿。

比如，当一个人站在一台与某个可以侦测到手部动作的体感设备相连接的电视前方，此时若是他将手部分别向上、向下、向左及向右挥，就可以控制电视台的快转、倒转、暂停以及终止等功能，便是一种很直接的以体感操控周边装置的例子。

德国大众公司计划率先在旗下*Golf R Touch Concept*车型上引入手势识别功能，将汽车仪表盘用两块显示屏代替，并支持手势控制技术（图10-108）。手势控制系统通过安装在车顶的3D摄像头来进行手势的识别。当驾驶员触摸一下车顶，那么天窗的控制显示就会出现在中央显示屏上，驾驶员从前往后滑动屏幕则可以开启天窗，反之则关闭。另外，车内座椅也能采用手势控制。只要轻轻挥手，中控台的显示屏就会显示出调整座椅的相关控制图标，前排乘客就能轻而易举地通过触摸屏幕调节座椅角度。

● 图10-108　手势识别技术应用于汽车

不仅如此，信息系统的操作界面可以由用户根据自己的喜好和操作习惯进行定制。同时这套系统也可以与智能手机进行无缝连接。

体感技术目前在游戏领域也已经有了一定的应用，它可让人们得到身临其境的游戏体验。一家来自挪威的公司The Future Group制作的基于虚拟现实的真人互动游戏节目（图10-109），在2016年正式亮相。

● 图10-109　参加虚拟现实类的真人电视竞技节目

The Future Group的联合创始人之一Kasin认为是电影带给他的灵感，才使其创造出一种与众不同的电视节目，并结合当下最流行的虚拟现实技术，来实现体验上的突破。

Kasin表示目前公司拥有200人的团队在进行研发工作，同时在欧洲还拥有电视、游戏、演播室系统等方面的众多合作伙伴。技术上，将通过一个统一的虚拟现实游戏引擎来进行开发，允许其他游戏厂商加入，使用运动追踪传感器、可穿戴设备及互联网等技术实现。

●图10-110　Apple Watch 首款掰手腕游戏
"iArm Wrestle Champs"

例如，可以开发一种《愤怒的小鸟》，让位于演播室的参赛者可以通过虚拟现实设备乘坐一个巨大的弹弓；而在家中的观众，也可通过平板电脑等设备参与其中。当然，也不排除以后会推出家庭版的虚拟现实套件，让观众更好地参与其中。

体感游戏将会成为游戏用户的新"宠儿"，它不用任何控制器，只用肢体动作就可以控制游戏里的角色，可以让用户更真实地遨游在游戏的海洋中。并且，随着技术的进步，体感技术还可以用在商场的服装店，甚至用户可以在网上随意试穿自己喜欢的衣服。

在2014年Apple Watch刚刚发布的时候，便有厂商根据其自身的健康功能开发了一款辅助用户掰手腕的游戏"iArm Wrestle Champs"（图10-110）。这款游戏就是让佩戴者与另一个人掰手腕，手表的加速感应器能够检测到手臂倾斜的程度以此来评判玩家的腕力，并提供实时的语音解说，当某一方获胜后，游戏还会敲响胜利的钟声。

这种将电子游戏的竞赛机制与运动健身玩法相结合的方式，符合苹果让用户"动起来"的健康理念。若是Apple Watch能够与体感游戏相结合，通过按钮便能与游戏主机相连开始游戏，想必将成为日后Watch游戏的主流。

自适应车前灯技术虽然非常复杂，但考虑到它所带来的便利性，依然有不少厂商在进行着相关的研发工作。目前，通用汽车的子公司欧宝正在研发的一种可跟随驾驶人视线的车前灯（图10-111）。这套自动照明系统具备眼球追踪能力，当驾驶人目光落在前方某区域时，前灯就会将光线投射到该位置，即使在黄昏和夜晚也能正常工作。

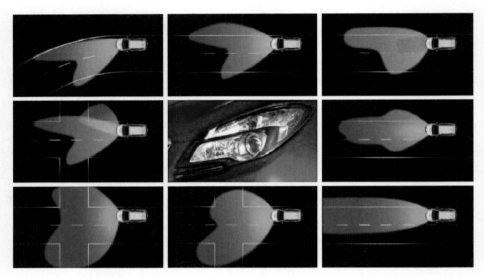

●图10-111　欧宝正在研发的一种可跟随司机视线的车前灯

　　人类基本的感知感觉可以分为视觉、听觉、嗅觉、味觉和触觉等。人类个体都有共通的感知特性。通过研究用户行为，分析交互设计的主要任务；通过感觉来分辨外界事物的各类属性，如声音、动作、材质、重量、气味等传达的内容，形成复杂的认知过程。可以说，终极的人机交互就是通过感应来传输的，主要表现为眼动追踪、动作识别、语音控制、触觉交互、地理空间跟踪等体感交互。它通过红外扫描、热感应、声音图像识别分析、图像跟踪算法和空间物理定位技术，可以让人们更好地利用自己的行动来对机器发出指令，达到人机合一的完美境界。

　　用人类的大脑控制安装在身体上的假肢，这一想法已经出现了有一段时间，但是要达到这样的目的，需要在病人的身体或脑部通过手术植入电子控制装置才行。

　　在2015年4月，美国休斯敦大学研发出了一种全新的非植入的方式来让病人的脑电波控制电子假肢（图10-112）。只要病人戴上收集脑电波的帽子，集中注意力，发出指令即可操控电子假肢。这种方式的好处是，通过佩戴外部设备就可以实现假肢操控，而不是传统那样，

●图10-112　病人戴上收集脑电波的帽子集中注意力发出指令即可操控电子假肢

需要在病人身体里植入一个控制器。

这种技术的原理是通过一个大脑设备接口BMI来解释病人的脑电波，然后转化成设备"听得懂"的语言。比如，病人想捡起地上的东西，BMI接口会识别病人发出的脑电波，然后电子假肢就会采取行动。

研究人员希望可以通过这种非手术植入的方式在避免患者出现感染或排异反应的前提下，能够对假肢进行更精准的控制。而这项技术除了能够让患者控制假肢之外，还可以搜集大脑与四肢交流的数据，用于治疗中风或脊髓损伤的研究。

利用3D体感技术与虚拟现实环境结合，在我们生活的每一个领域，都将出现革命性的变化：在笔记本上或平板电脑上观看影片，可以获得身临其境的场景带入感；不用去瑜伽馆，在家就可以练瑜伽了，还有智能系统指导教学，连教练都省了；以前在淘宝上买衣服最担心的就是不合身，现在有了3D试衣，再也不用担心退货换货浪费时间了；当用手机地图导航时可以看到3D全景，自己在哪个位置，一目了然，再也不用面对线条、块状组成的2D地图继续做路痴了。当然，除了生活上的帮助，3D体感技术在商业领域的应用空间也很广阔，从服务型机器人的设计制造，到自动驾驶汽车的方案制定，再到互动教学应用，3D体感控制技术还将带来更多惊喜。

10.7 设计新趋势

设计的历史是一部纷繁芜杂的人类行为变迁和文化演进的历史，无论在其历史进程中发生了多少更迭、争斗和交融，我们总会看到一条清晰的脉络，那就是：设计，总在探讨如何更好地满足我们的需求和关切、更尊重人性、更尊重人所在的周遭环境。随着数字化时代新技术的发展和信息革命的到来，未来的设计一定彰显以下三个最基本的属性（或特征）：绿色、虚拟和人性化。

10.7.1 基于生态学理论上的未来绿色设计

绿色设计（green design）也称为生态设计（ecological design）、环境设计（design for environment）等。虽然叫法不同，内涵却是一致的，其基本思想是：在设计阶段就将环境因素和预防污染的措施纳入产品设计之中，将环境性能作为产品的设计目标和出发点，力求使产品对环境的影响最小。对工业设计而言，绿色设计的核心是"3R"，即reduce、recycle、 reuse，不仅要减少物质和能源的消耗，减少有害物质的排放，而且要使产品及零部件能够方便地分类回收并再生循环或重新利用。未来的绿色设计，其内涵将更为丰富。

基于生态学的意义，人类也是生态循环系统的一个组成部分，人虽然可以在一定范围内按照自己的需要改变环境，但倘若人类的活动打破了生态系统稳定性的极限值，生态平衡就会被破坏，甚至导致生态系统的大崩溃，即便不是彻底崩溃，一定量的破坏也会导致我们生存的环境不断恶化。人类设计的初衷是为我所用。从自然界攫取的自然资源被设计制造成为人类所用的产品，人类被人为创造的人工自然引导进行生产、运输、储存和消费，忽视了对自然环境的影响，如若一意孤行，人类必将自食其果。绿色设计考虑了部分的生态问题，但并没有从本质上解决。

只有利用生态学理论弥补传统绿色设计的局限，用生态学的基本原理指导未来设计，才能真正达到绿色设计所倡导的设计目的。

生态学与设计学都是多学科交叉的综合性边缘学科，由于二者学科研究上的重叠与交叉，使得"生态设计"的概念应时而生，并使其在生态学界和设计界获得共识。这也促使将生态学原理运用于设计，进而弥补传统绿色设计的局限性成为可能，或者说未来的绿色设计就是生态设计，也即利用生态学的原理和思想，在产品开发阶段综合考虑与产品相关的生态问题，设计出环境友好型且能满足人的需求的新产品。与传统的绿色设计相比，该设计转向既考虑人的需求，又考虑生态系统安全，在产品开发阶段就引进生态变量和参数权重，并与传统的设计因素综合考量，将产品的生态环境特性看作是提高产品市场竞争的一个主要因素。

案例

撕封勺洗衣粉袋包装

人们常常会在洗衣粉包装上看见使用说明，告诉使用者多少件衣服应该用多少勺洗衣粉洗涤为最佳，但大部分的洗衣粉包装内却并未标配量勺，因此使用时往往只能按个人经验随意增加。

图10-113所示的全新的洗衣粉袋的包装设计采用了环保的纸料，更独特的是其封口是道弯折的虚线，使用时沿着虚线将封口撕下来就是一个小量勺，方便我们舀出定量的洗衣粉清洗衣服。

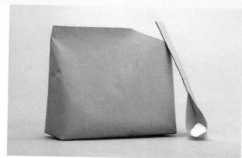

●图 10-113　撕封勺洗衣粉袋包装

10.7.2 虚拟设计是未来设计的重大趋势

　　虚拟设计是20世纪90年代发展起来的一个新的研究领域，是计算机图形学、人工智能、计算机网络、信息处理、机械设计与制造等技术综合发展的产物，在机械行业、产品设计和包装设计领域均有着广泛的应用前景。虚拟设计对传统设计方法的影响已逐渐显现出来。由于虚拟设计基本上不消耗可见资源和能量，也不生产实际产品，而是产品的研发、设计、包装和加工，其过程和制造相比较，具有高度集成、快速成型、分布合作、修改快捷等特征。未来的设计将从有形的设计向无形的设计转变，从物质的设计向非物质的设计转变，从产品的设计向服务的设计转变，从实物产品的设计向虚拟产品的设计转变。

　　基于虚拟现实技术的虚拟制造技术，是在一个统一的模型之下对设计和制造等过程进行集成的，即将与产品制造相关的各种过程与技术集成在三维的、动态的仿真过程的实体数字模型之上。虚拟制造技术也可以对想象中的制造活动进行仿真，它不消耗现实资源和能量，所进行的过程是虚拟过程，所生产的产品也是虚拟的。

　　虚拟设计和制造技术的应用将会对未来的设计业与制造业（包含制造业生产流程的全过

程，当然也包括其包装设计环节）的发展产生深远影响，它的重大意义主要表现在以下几个方面。

① 运用软件对制造系统中的五大要素（人、组织管理、物流、信息流、能量流）进行全面仿真，使之达到前所未有的高度集成，为先进制造技术的进一步发展提供了更广大的空间，同时也推动了相关技术的不断发展和进步。

② 可加深人们对生产过程、制造系统的认识和理解，有利于对生产过程和制造系统进行理论升华，从而更好地指导实际生产，即通过对生产过程、制造系统整体进行优化配置，推动生产力的巨大跃升。

③ 在虚拟制造与现实制造的相互影响和作用过程中，可以全面改进企业的组织管理工作，而且对正确做出决策有着不可估量的影响。例如，可以对生产计划、交货期、生产产量等做出预测，及时发现问题并改进现实制造过程。

④ 虚拟设计和制造技术的应用将加快企业人才的培养速度。我们都知道，模拟驾驶室对驾驶员、飞行员的培养起到了良好的作用，虚拟制造也会产生类似的作用。例如：可以对生产人员进行操作训练、异常工艺的应急处理等。

案例

靠意念控制的 MindLeap

2015年3月瑞士的神经技术初创企业MindMaze发布了全球第一款靠意念控制的虚拟现实游戏系统原型MindLeap。

（1）从医疗到游戏

MindMaze成立于2012年，总部位于瑞士洛桑，其研究领域主要是神经科学、虚拟现实和增强现实。其研究此前主要应用于医疗，用来帮助中风、截肢及脊髓损伤患者康复。创始人兼CEO是Tej Tadi博士，创办公司前他曾在瑞士联邦理工学院从事过10年的虚拟现实研究。

我们知道，人的动作是由大脑控制的，比如移动手臂这个动作首先是大脑想要手臂移动，然后由神经网络经过数毫秒之后将这个决定传递给相关肌肉才得以执行。MindMaze通过跟踪大脑和肌肉的活动来侦听相关的神经信号（图10-114）。

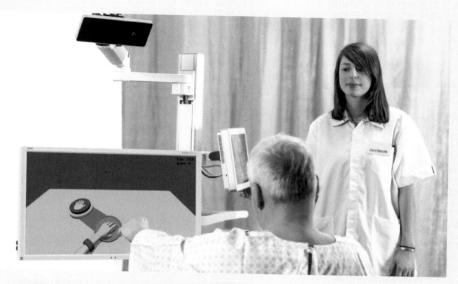

●图10-114 MindMaze通过跟踪大脑和肌肉的活动来侦听相关的神经信号

MindMaze的应用一开始并不是游戏，而是医疗。比如，截肢病人有时候会出现幻痛，即感到被切断的肢体仍在，且在该处发生疼痛。MindMaze利用技术跟踪患者正常的右臂的活动和神经信号，然后在屏幕上呈现出其左臂在做相应动作的图像，以此来"欺骗"他（她）的大脑使其认为自己左臂也能动，从而缓解幻痛。这里的关键是屏幕的动作展示必须是实时的——时延不能超过20ms（触觉传递到大脑需要20ms，视觉则需要70ms，这些似乎是能够区分出相关信号的关键）。正是无时延方面的努力让MindMaze想到可以把它用在游戏上，从而开发出了MindLeap这套游戏装置的原型。

这套装置由动作捕捉系统、脑电波读取系统以及集成平台组成。HMD（头戴式显示器，图10-115）外观上跟Oculus Rift DK2、Razer OSVR有些类似。比较奇特的是它的头箍像一张网，可以用来采集脑电波信号。

●图10-115 头戴式显示器

无线3D摄像头运动捕捉系统类似于Kinect，可进行3D的全身运动跟踪，但是需要进行一些调整才能适应医疗用途。目前这套原型可提供720p的显示以及60°的视野范围，未来计划升级为1080p及120°的视角。

（2）VR与AR结合

HMD和动作捕捉系统的结合可以带来虚拟现实（VR）与增强现实（AR）的双重体验。但是MindLeap还融入了脑电波读取的技术，这是全球首次将神经科学、虚拟现实、增强现实及3D全身动作捕捉融于一体，将带给玩家无时延的游戏体验。

佩戴上MindLeap之后，头向右转即开始AR模式，此时头部的摄像头开始跟踪在面前晃动的手指的动作。屏幕上则呈现出用户手部的动作以及周围的环境，不仅如此还会在手指上渲染火焰（增强现实）。而且头箍会跟踪用户的精神状态，如果是放松的，火焰是蓝色的，而如果用户紧张，火焰则会变成红色。

如果用户将头向左转则激活VR模式，此时用户的手还在平面上现实，但是周围的环境则变成了未来主义的空间。用户可以在虚拟世界中触摸、感知、表现、移动，仿佛置身于现实世界。

（3）脑力竞赛

不过最有趣的是MindMaze展示的仅靠意念控制的对抗游戏（图10-116）。游戏里面屏幕两头各有一个会伸缩的魔法球，中间则是一个小球。魔法球靠对战双方的意念控制，双方均佩戴植入前额传感器的头带，游戏目标是利用能量爆发将屏幕中央的球膨胀推开对方的球。球膨胀得越大代表脑力越强。不过，不习惯的玩家一开始必须靠缓慢的深呼吸来放松精神。

MindLeap利用医疗级技术创建了一个直观的人机接口，通过识别关键的神经特征实现无与伦比的响应性，将会开启一个神经康复与游戏的全新时代。

●图10-116　靠意念控制的对抗游戏

10.7.3 从尊重人性出发，人性化设计创造出更和谐的人与物的关系

人性化设计就是以人的本质需要为根本出发点，并以满足人的本质需求为最终目标的设计思想。而人性化设计就是指在设计的过程中以人为中心来展开设计思考。当然，以人为中心并不是仅仅片面地考虑个体的人，而是要综合地考虑群体的人、社会的人，考虑群体与社会的整体结合，考虑社会的发展与更为长远的人类的生存环境的和谐与统一。

人性化设计的角度是未来设计的主要出发点。目前，设计无论在功能上还是在形式上都出现了多元化的态势，新产品给人们的生活带来了很多方便，其美丽的外观也让人们在使用产品的同时感受到了美，满足了现代人追求高品质精神生活的需要。

在人类发展的历史长河中，人们生活的各方面都是以改善自身的需要作为主要内容的，现代设计对于人性化的体现也触及人们生活的各个方面。人性化设计的目的和核心是"关爱人、发展人"，同时，人性化的内涵不会随着时间、空间的变化而发生改变，但人性化的表现是具体的，受时间、空间的转变而变化，所以必须与具体的外部环境相联系。目前，人性化设计主要表现在以下几个方面。

① 回归自然的人性化设计情怀，在生活中尽量选择自然的材质作为设计素材。现代家庭装饰设计中，把人与自然结合的设计思维受到都市人的广泛青睐。

② 体现人体工程学原理，以人体的生理结构出发的空间设计。如城市中随处可见的电动扶梯、舒适的家居布置、使用方便的家用电器等。同时也把少数弱势群体列入设计的行列中，如残疾人坡道、盲道、老年人专用通道等，使得整个社会感受到人性化的关怀。

③ 以人的精神享受为主旨的环境保护和以人文资源保护与文化继承为目标的设计。人性化在未来设计中深层次的体现就显得意义重大，不能以短暂的、静止的目光去理解，而要放眼于全人类的发展。人类与自然的关系经历了第一个阶段的惧怕自然，第二个阶段的征服自然，到如今第三个阶段，强调的是与自然的和谐相处。进入21世纪以来，人类的生存面临着许多重大的难题，如能源危机、生态平衡、环境污染等，现代设计应该把这些与人类生存息息相关的问题作为设计的标准。

案例

2015 年米兰世博会"花园式儿童乐园"

该游乐园（图10-117）的设计紧贴大自然，8处游乐设施的设计也十分讲究，设计团队努力让孩子们在游玩的同时，也能够学到一些知识，同时，该游乐园各个方面的设计与2015年米兰世博会"滋养地球，生命之源"的主题相一致。将整个游乐场参观完估计需要一个小时，其中一些简短的交互式游戏需要25个孩子组成一组参加（一个典型的学校班级规模），一个小时大概能够接待1200名游客，其中包括家长。

●图10-117　花园式儿童乐园

空间布局设计的灵感来自创建一个统一视觉感知的场景。

在乐园里，一条持续不规则扩大宽度的落叶松木材板条道路与展品相对应。悬挂的筒形结构，由三个支架固定，直径12m、高7.5m。这个结构，也用于支撑技术设备在晚上使用，确保乐园的晚间运行。

儿童乐园设施结构，例如儿童浴室、监控展品的技术设备、安全监测、技术领域和通往广场的楼梯，分别沿着三条铺着落叶松木不同的宽度的道路布置，每个道路染成不同的米色双曲线，增加了物质和颜色的视觉感知。公园的入口和出口设有野餐区，周围种满各种植被，并配备了彩虹色的凉亭，迷宫般的反射棱镜，还有其他更多惊喜挂在树上。

儿童乐园给儿童创造了一种特殊的视觉语言环境，提供了一个儿童作为探险家的想象空间，满足了当代文化在视觉层面的需求。

参考文献

[1] 荷兰代尔夫特理工大学工业设计工程学院. 设计方法与策略：代尔夫特设计指南[M]. 倪裕伟译. 武汉：华中科技大学出版社，2014.

[2] 波伊尔. 设计项目管理[M]. 邱松，邱红编译. 北京：清华大学出版社，2009.

[3] 罗建，全振权，金孝珍等. 设计要怎么策划：培养设计创新的执行力[M]. 博硕文化译. 北京：电子工业出版社，2011.

[4] 程能林. 工业设计概论[M]. 第3版. 北京：机械工业出版社，2011.

[5] 王受之. 世界现代设计史[M]. 第2版. 北京：中国青年出版社，2015.